健康掃除力

醫療級專家教你
30個不生病的居家清潔妙方！

松本忠男
楊鈺儀——譯

健康になりたければ
家の掃除を変えなさい

前言

最近，因為打掃方法錯誤而傷害健康的案例增加了。

例如有很多孩子之所以支氣管哮喘會發作，就是因為沒有好好打掃家中的黴菌和屋子裡的灰塵。二〇一七年十月二十七日，有一則新聞是，十四名孩童在學校打掃投影機螢幕時，因吸入過多灰塵而出現激烈咳嗽等身體不舒服的症狀，其中有八名學童被緊急送醫。

雖然只是生活周遭的灰塵以及室內的塵埃，若累積起來，就會成為大量細菌以及塵蟎的溫床，也會導致感染症或過敏疾病，是非常危險的。

實際上，有資料顯示，屋子當中位在窗簾或櫥櫃架高處上約一公克（十元硬幣大小）大小的灰塵，含有約七萬至十萬個細菌。

此外，每年都不令人感到陌生的季節性感染病，夏天的手足口病與疱疹性咽峽炎，冬天的感冒與流感、諾羅病毒等，也會因為打掃方式出錯一步，而導致感染愈形擴大。

例如，若嬰兒感染了輪狀病毒，母親沒戴手套，並只用水擦拭他的大小便，那麼母親自己也會感染。也有飯店因使用吸塵器吸掉感染諾羅病毒患者的嘔吐物，結果導致病毒從吸塵器的排氣處擴散，使得整層樓的房客集體感染等。

這些感染病，尤其對年幼的孩子與高齡人士來說，一旦發展成重症，每一種都是很可怕的疾病。

其他在全世界流行的還有伊波拉病毒、禽流感、茲卡熱、SARS，以及在日本大流行的德國痲疹等，各式各樣的感染病皆來勢洶洶，所以這絕對不是和我們生活不相干的事，預防感染病都是很切身的、需要去關注的事情。

因為現狀是如此，所以我認為應該要將「正確的打掃法」與洗手、漱口並重，列為重要應做事項。

三十年來我都在攸關生命的「醫院」工作，亦即在某種意義上來說是屬於在特殊環境中從事打掃的工作。一九九七年，我為了全面管理醫療現場的環境衛生而成立了一家清潔公司。現在，我主要擔任日本龜田綜合醫院的清掃負責人，同時努力整備包括橫濱市民醫院等在內各家醫院的衛生環境。在現場培育的清掃工作人員數已超過五百名。

清潔打掃醫院是守護患者生命的工作，可以讓他們免於因灰塵或塵蟎而導致健康受損，以及罹患各種傳染病等。但是，究竟有多少人注意到這件事呢？

在醫院，有不少人雖治好了原來罹患的疾病，但卻因為自身免疫力低下或是醫院環境衛生不佳，結果不幸導致感染而過世。為了多少能減少這樣的不幸發生，依二〇一二年四月的日本診療報酬修訂，變更為將「預防感染對策合計」視為一獨立項目。亦即，即便要增加醫療費用，也要加強環境整理，並著手於預防傳染病。整個國家的醫療衛生體系也因而開始跟著動了起來。

當然，不只是感染的威脅，不衛生的病房與廁所，也會造成患者的不安與壓力等龐大的心理負擔。

確實做好預防感染的工作，能讓人從身心兩方面都能健康起來。而打掃本身就具備有像是這般特效藥的威力。

與老奶奶的相遇

我是在約二十五歲時進入打掃醫院的世界，而與老奶奶的相遇就發生在那之後不久。我被交付打掃某位老奶奶病房的工作。

每天我都依照自己的方式打掃得很乾淨，但如今回想起來，那樣的清掃方式並沒有去注意到房間的灰塵中會含有引起疾病的病毒，以及去考量我們經常觸碰的地方是感染疾病的高風險之處，並為此而做出因應的清掃對策。

一天，我一如往常，為了進行打掃工作而前去老奶奶的病房……。但床卻空了。

過了幾天後，老奶奶的女兒給了我一封信：「松本先生，謝謝你每天都幫我打掃。一直以來都受你照顧了！」後來，我聽說老奶奶因「ＭＲＳＡ感染」而去世，我不禁愕然。

ＭＲＳＡ是一般存在於人口鼻的一種黃色葡萄球菌。不過，和一般黃色葡萄球菌最大的不同點在於，對殺滅細菌的藥物（抗細菌藥）有抗藥性。若是健康的人，可以靠自體免疫力驅除，但對免疫力極度低下的住院患者來說，既無法靠自己驅除，也無法仰賴藥物，所以有不少因而喪命的例子。

這種細菌會以空氣、地板，以及帶菌者接觸過的門把、扶手為媒介，擴散傳染。也就是說，因為我沒有徹底做到以打掃作為防治感染的因應對策，老奶奶才過世了。

因為這個經驗，我對身為專業人員卻輕看打掃這件事的自己感到生氣。自此之後，我一邊想著該怎麼做才能讓患者有更衛生、更舒適的環境，一邊進行打掃的工作。

我想破頭才終於意識到——「若只打掃地板，並無法降低感染疾病的風險」。必要的是，根據人員的活動動線和行動模式，去掌握會成為疾病根源的髒汙是如何集結？集結於何處？是否會成為感染源？以及正確去除這些髒汙的方法。

這也是適用於家庭打掃的大原則。為了讓所有人都能健康生活而發展出的省力、優質的打掃術。

時至今日，我希望在天國的老奶奶能對我展露微笑。

「預防疾病的打掃」最重要的是能輕鬆持續下去

本書中將告訴大家許多我打掃醫院多年所獲得的知識與技術，以及可在家庭中施行的「不生病的打掃術」。

從前認為的常識，以及以為很好而去做的打掃法，其實都是錯的！相信一定有很多人會因此大失所望。

話雖這麼說，本書也不是在告訴大家應該要徹底去除家中的病原菌。所謂「不生病的打掃術」，目的是要整備出一個環境，讓人既能和細菌與病毒共生，又非常健康。而不是以將細菌與病毒的數量減至零為目的。藉由確實理解該如何打掃家中的哪些地方，才能預防疾病，也能同時縮短打掃時間。

同時，如何輕鬆持續以預防疾病為目的的打掃也非常重要。就算想著「今天來努力打掃吧！」而花上一整天把家中各處角落都打掃乾淨，若緊接著細菌又大量繁殖並使人生病，就完全失去它的意義了。

因此，做事只有三分鐘熱度的人，以及覺得麻煩、遲遲都無法展開行動的人，要不要試著這樣思考看看呢？

打掃是①隨興的；②做能做到的；③不用下定決心去做。

其實，這也是我一直關注的地方。

抱持著「從能做到的地方，試著一點一點去做」的心情，不論是書中所寫如何瑣碎的事，都希望大家能開始試著去動手做，完全不需要下什麼很大的決心。

不刻意去做其實比較容易養成習慣，只要習慣了，之後就不會覺得有那麼大的負擔，就能持續做下去。

本書中，前半部的第1、2章是在說明「疾病與打掃的關係」。除了每年都會流行的傳染病，像是「流感」與「諾羅病毒」，還有造成氣喘以及花粉症等過敏性疾病的「黴菌」與「花粉」，累積在家中時都有它們的特徵，依據這些特徵進行的打掃方法，就能有效去除，這點非常重要。

後半部的第3、第4章中將說明每天該如何打掃才能有效預防疾病，其中包含有居家的廁所、廚房、客廳、房間等的打掃。在此，我想介紹給大家，從今天起就很有用、可實踐的打掃術，以及大家應該要知道的基礎知識。

這本書關於醫學上的敘述，由醫療法人鐵蕉會龜田綜合醫院．名譽理事長龜田俊忠醫師監修。

目錄

第2章 不同疾病別‧防患未然的打掃術

第3章 不同場所別‧不生病的打掃術

第1章

你所知的居家清掃方式都是錯的

用平日慣用的打掃法打掃，家裡真的有變乾淨嗎？其實愈是認真打掃，反而愈是會在不經意中弄髒房間，提高染病風險。現在很受歡迎的掃地機器人、吸力強勁的吸塵器、強力洗潔劑等等，都有讓人意想不到的陷阱。本章將介紹許多人容易陷入的錯誤打掃法，以及會招來哪些疾病，與如何解決這些問題的對策。

POINT

掃地機器人會揚起地板的灰塵

掃地機器人的三個缺點

二〇〇〇年代初期，掃地機器人「Roomba」初次從美國來到日本，受到大眾的歡迎。在二〇一六年十月左右，於日本累積的銷售台數已超過兩百萬台。

尤其是住在都會公寓的雙薪家庭，以「Roomba」為首的掃地機器人，被視為是家中非常珍貴的寶物。因為，若是在公寓等相較之下台階較少的住宅，只要按一個按鈕，或是外出時只要用手機操作，搭載有ＡＩ人工智慧的掃地機器人，就會移動到家中所有房間去打掃地板，並在主人回家時，還能自動回到充電器處，有著夢幻般的方便性。

掃地機器人雖然非常方便又聰明，其實有著致命的缺點。

也就是以下三點：

①排氣口靠近地面，排氣時會揚起地上的灰塵；

②無法吸起附有濕氣以及靜電的灰塵；

③許多機種無法吸起房間角落的灰塵。

最大的問題就是所有吸塵器會有的宿命——**排氣**。

尤其是掃地機器人，其強力的排氣口位在接近地面之處，會往上吐出，所以會使周圍的氣流大亂，反而揚起灰塵。誠如我在一開頭就提到的，家中灰塵裡含有許多病毒與細菌，若吸入這些灰塵，會對人體造成不良影響。

此外，掃地機器人拖著灰塵的髒汙，在房間中地板上經常可見沾有絲縷的灰塵。這就是因為車輪、滾輪輾過吸了地板濕氣的灰塵，拖著走所導致。也就是等同於在打掃時散播了疾病根源。

在濕氣多的梅雨季，最好不要讓掃地機器人進行清掃比較明智。

那麼，該怎麼使用掃地機器人呢？

首先只要在早上出門時按下開關，回家時就能清除一定程度的灰塵，但是掃地機器人揚起的灰塵，卻會再度落在地板上。

所以，經過一個晚上的隔天清晨，要用平板拖把清除灰塵，做**「收尾打掃」**的工作，請將此設定為一組打掃工序。重點在收尾打掃要在隔天早上進行，而非掃地機器人運作當日。

因為從傍晚到晚上，家中只要有人走動，地板上的灰塵就會不斷揚起，像是被驅趕移動至房間角落般。而灰塵完全落在地板上、集中到房間角落的隔天一早，就可以用平板拖把輕輕除去。收尾打掃**只要打掃角落即可**，效率非常好。

不要只依賴自動化機器，只要加入一項作業，打掃的品質就會大幅提升，能減低因灰塵導致生病的風險。以**使用掃地機器人和平板拖把**，有效率又能減少灰塵量的打掃為目標吧！

選擇與使用吸塵器的方法

另一方面，一般的吸塵器又是如何呢？

吸塵器的宿命就是一旦吸入垃圾，就一定要有相應的「排氣」。若放任它一直吸，本體就會因空氣塞得鼓鼓的而破裂。

因為這個排氣，本來就是吸灰塵的吸塵器會引起的氣流，因此打掃時會將周遭的灰塵揚起至空氣中。

實際上，在csc-biz公司進行評價分析灰塵動向實驗時，得出的結果是，吸塵器排氣所揚起的灰塵，會在房間中持續漂浮超過二十分鐘。而諷刺的是，愈是吸力高、能吸很多灰塵的吸塵器，排氣量愈多，因此這方面的傾向就更加強烈了。

那麼，該怎麼辦呢？

重點在於所選擇的吸塵器。如果想要將揚起灰塵的程度抑制在最低限度，想預防灰塵所導致的感染病，建議要滿足以下兩點，而非著重於排氣的乾淨度與吸力。

① **排氣口位置較高；**

② **無線。**

若排氣口的位置接近地面，就會揚起地板的灰塵。比起排氣口與地面距離較近的臥式型，較建議使用**排氣口位於把手的直立式型**。

而且盡可能使用**無線**的。移動吸塵器時，移動的電線也會揚起地板的灰塵，所以請盡量選擇沒有電線的。

當然，吸塵器的**排氣乾淨**也很重要。若細菌以及病毒就這樣直接通過而從排氣口出去的話，用吸塵器打掃就完全沒有意義了。所以在購買時請選擇吸塵器內濾網可以確實補抓住微粒子的產品。

不過，諾羅病毒是例外。諾羅病毒的粒子非常小，不論是多高性能的濾網都能穿透。證據就是某間飯店，在用吸塵器吸入諾羅病毒患者口中吐出變乾燥後的嘔吐物，病毒就從排氣處擴散了。

同時，**吸力**也很重要。最理想的吸力就是能吸入因濕氣或靜電而附著在地板垃圾的吸力。

要找到能完全滿足這些要點的吸塵器或許頗為困難，請在下次購買新的吸塵器時，務必做為參考。

另外，使用吸塵器的方法也有重點。以**一公尺約五～六秒的時間推動**吸塵器前端，用一定的速度緩慢移動，這樣就能減少揚起的灰塵。若用力、快速移動，不僅會揚起地板的灰塵，也會直接從沾黏在地板的垃圾上頭通過，而無法確實地吸起垃圾。此外，推拉的速度凌亂不規律的話，前端會浮起、翹起，將無法有效率地吸起灰塵。

像這樣，使用吸塵器時留意排氣，藉由緩慢、正確地移動吸塵器，就能做到防止含有病毒與細菌的灰塵擴散。

預防疾病這樣做！

掃地機器人要在沒人在家時運作。隔天一早，只要用平板拖把靜靜地打掃房間角落，就能有效回收成為感染源的灰塵。

POINT

濾網骯髒的空調是會噴出黴菌與灰塵的機器

空調的普及和濾網的髒汙

現在這個時代，幾乎家家戶戶都有空調。這是從什麼時候開始的呢？對此我感到好奇，於是我試著稍微調查了空調普及的過程。

日本國產第一號空氣調整機於一九三五年誕生。我很驚訝，空調的前身竟意外地很早就誕生了。隨著時間過去，在一九五八年，以「室內冷氣」之名，以辦公室和劇場等場所為主廣為設置。之後，伴隨著日本高度的經濟成長，也漸漸普及到一般家庭中。一九六五年，兼具冷暖氣的「室內空調」也終於出現了。

依據日本內閣府的「消費動向調查」顯示，在一九八五年，兩人一戶的空調普及率約百分之五十，二〇一二年終於超過了百分之九十，此後則持續維持平穩的趨勢。根據同一個調查，兩人以上一戶的一百戶中，平均擁有空調數量於二〇一七年是二八一．七台，估計各**家庭中平均約有三台**空調。

的確，客廳、夫婦主臥、兒童房……若算起來，每個家庭似乎都約有三台的空調。但是，究竟有幾個人記得，上次打掃這些空調是什麼時候呢？

或許有些可怕，但請舉起手電筒照向出風口處看一下。濾網一定是**因為黴菌和灰塵而黑成一片**吧！

雖然也勉強可以想像得出來，但重新用自己的眼睛確認後，相信會感到沮喪吧。可是首先重要的就是要正視這個不得不面對的現實。

或許大家已經有所瞭解，但接下來我們還是要來確認一下，為什麼空調中容易滋生黴菌和灰塵。

之所以會滋生黴菌，是與使用**冷氣**有關。請想像一下將冷飲倒入玻璃杯中的情形。當稍微放置一會兒後，杯子的外側就會沾附有水珠吧，使用空調的冷氣時，也會出現同樣的現象。

一旦使用空調的冷氣，空調內部的濾網會冷卻，空氣中的水分就會變成水滴，並且沾附在濾網上。使用完冷氣後，我們通常不會一一去擦拭濾網上的水滴，所以過了一陣子後，黴菌就會繁殖，這就是黴菌形成的原因。

另一方面，空調本身會聚集灰塵。它和前面所談的吸塵器相反，空調是吹出風的機器，所以一定會吸入同量的空氣。此時，就會一併吸入空氣中的灰塵，自然就會造成灰塵沉積。

空調的下方是髒汙堆

在這裡要先介紹一則關於髒汙空調的恐怖小故事。

有一個家庭，在寢室中，將孩子的床擺設在空調下。從某個時候起，孩子開始咳嗽了起來，尤其是起床時，喉嚨會發出咻咻的聲音，不論經過多久都治不好。去了醫院後，被診斷出是**氣喘**。幸而用藥物治療治好了急性症狀。據說一到不需使用空調的季節，孩子的咳嗽症狀就停止了。順帶一提，他們的空調濾網這幾年幾乎都沒有加以清洗過。也就是說，空調的黴菌和灰塵就是造成氣喘發作的原因之一。

沒有定期維修的空調，會和送風一起吹散黴菌和灰塵。尤其在很多時候，

空調下方都是髒汙堆，必須特別注意。

為什麼空調的下方會形成髒汙堆呢？以下將說明原因。

開冷氣時，吹出的冷空氣重，碰撞上房間的牆壁或地板時，會形成如迴力鏢般吹回地面的**下沉氣流**。而剛好在空調的正下方就是氣流的終點，灰塵和黴菌會聚集於此（參照左頁上圖）。

經常會有人為了節省能而使用電風扇或循環扇吹散冷風，但若將這些放在空調下方，那麼好不容易聚集起來的灰塵和黴菌，就會因電風扇和循環扇的送風而再度於房間中擴散開來。

空調下方以外也是，在放置電風扇或循環扇時，需避開會因靜電而容易聚集灰塵的電視機等電器製品區域，或容易堆積灰塵的房間角落等，避免讓灰塵擴散。

因空調氣流使得灰塵聚集的機制

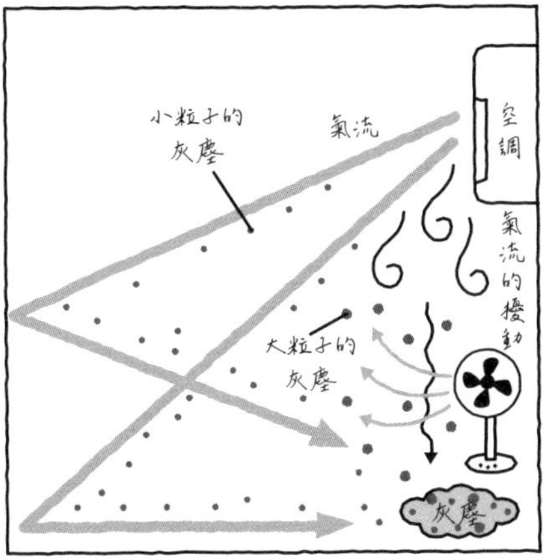

開冷氣時

冷空氣重，所以冷氣的送風碰撞到對側牆壁或地板時，會形成順著地板回來的氣流。而氣流的終點就是空調正下方，那裡就會聚集灰塵。

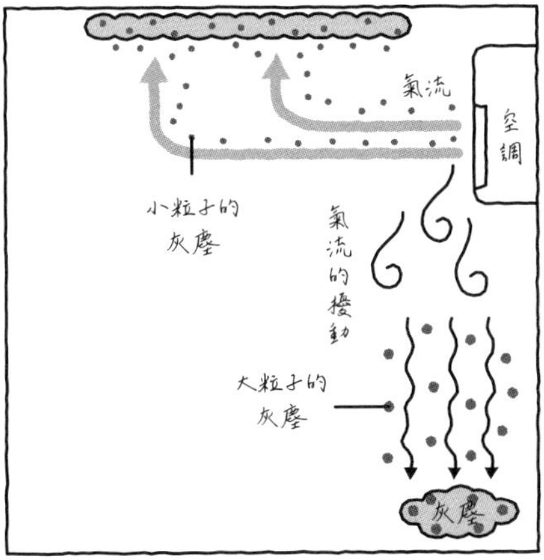

開暖氣時

暖空氣輕，所以會產生上升氣流，揚起細微的灰塵。另一方面，粒子較大的灰塵會被捲進空調出風口附近的氣流漩渦中，聚集在空調下方並落下。

另一方面，開暖氣時，暖空氣較輕，所以會產生**上升氣流**，往天花板去。結果，因為房間的灰塵被揚起了，開暖氣的時候，經常就會是灰塵在空氣中飛舞的狀態。冬天的房間之所以會充滿灰塵，是因為暖氣所產生的上升氣流與乾燥的空氣容易揚起灰塵（請參照前頁下圖）。

此外，冷氣、暖氣可以說都有個共通點，那就是空調出風口附近會產生如漩渦般的大小氣流，在空氣中的灰塵裡，粒子較大的，會被捲進這個氣流中而浮游，之後會落在地板上。這也是空調下方會形成髒汙堆的主要原因之一。

先前提到，孩子氣喘發作的家庭中，孩子睡覺的時候頭部就處在空調出風口正下方，這是最糟糕的位置。

尤其是寢室，從寢具以及衣櫥中衣物中會產生的大量灰塵，與其他房間相比，灰塵的絕對量有較多的傾向。因此請避免在空調下方擺放床鋪或是鋪上睡覺用的被子。如果很難做到這一點，至少應該要注意，頭不要睡在空調的正下方。

二〇一六年，在日本防菌防黴學會誌四十四期刊載了濱田信夫與阿部仁一郎兩位研究學者的論文〈今日空調中好溫性①黴菌的汙染狀況〉，其中報告了前年秋天對一般家庭空調共一百二十二台所進行的黴菌汙染調查結果。

「從調查中濾網灰塵檢測出，約有百分之六十一是在四十度下也可以繁殖的好溫性黴菌，尤其還從濾網中檢測出約有百分之十六是為人所熟知的伺機性感染②原因菌——A.fumigatus（筆者註：被稱為『煙麴黴』的一種黴菌）」

「煙麴黴菌」這種黴菌是侵襲性③肺麴菌病的原因菌。接受抗癌藥劑治療以及免疫力不全的人容易罹患這種病，特徵是發燒、胸痛、咳嗽、氣喘等症狀。一旦變成重症，還會侵襲到大腦、皮膚、骨頭、肝臟以及胰臟，惡化較快的人甚至在一～二週間就會死亡。

根據兩位研究學者的推測，累積在濾網中的灰塵，會打造出這類好溫性黴菌的溫床。

另一方面，關於濾網內部則報告：「進行關於送風扇與換熱器等空調本體各部分拭去黴菌的調查時，可以確認，與濾網的灰塵相比，送風扇與出風口等內部中，有較多喜歡水分的好濕性黴菌。」並且明確表明：「不論何者，在空調中產生的黴菌，都有很高的可能性以空氣為媒介，被人體所吸入，必須注意對健康的影響。」

此外，同期雜誌中所刊載濱田先生的〈影響空調中好溫性黴菌汙染的主要原因與解決對策〉中則指出：「檢討影響空調黴菌汙染的環境要因時，空調的濾網，於使用空調的頻率愈高、使用時間愈長、設定溫度愈低；還有在一樓房間使用比上面的樓層、朝北的房間比朝南的黴菌汙染更多。」

此外也指出：「濾網附有打掃機能的空調黴菌汙染少，尤其是能在四十度繁殖的好溫性黴菌經常會生長在灰塵堆積處，所以保持濾網少灰塵的狀態非常重要。若是委託專門業者進行內部打掃的服務，就能長時間維持黴菌汙染較少的狀態。」

也就是說，灰塵愈是堆積在空調中，愈會提高黴菌產生的風險。

從類似這樣的調查結果中也可以得知，防止灰塵堆積在濾網上，是有效防治空調黴菌的方法。雖然也會因使用頻率不同而有差異，但即便是裝有自動清潔機能的空調，還是要每一、兩年就委託專門業者來進行內部的清潔。此外，結束使用冷氣的初秋，也請留意一定要清掃濾網。

1）好溫性黴菌……比起其他黴菌，可以生存在四十五～六十度環境下的黴菌。

2）伺機性感染……若是健康的人，病原體就不會發揮病原性，但對於抵抗力弱的人就會發揮的感染病。

3）侵襲性……可能會擾亂生物體的刺激。

預防疾病這樣做！

要預防黴菌．灰塵傷害健康，清掃空調的濾網很重要。由專門業者進行空調內部清潔也很有效。

POINT

家庭內最窮凶惡極的灰塵就潛藏在廁所中

家中不同房間別的灰塵調查所得知的事

許多家庭的廁所中，為了通風良好，在門下方都有縫隙的設計。因此，若開啟廁所的換氣扇，走廊地板上的灰塵就會乘著氣流，從這個縫隙被吸入廁所中。所以廁所中令人意外地容易積有許多灰塵。

其實，這個「聚積在廁所中的灰塵」，正是成為病原菌溫床的棘手存在。

關於廁所內的灰塵，有份值得參考的資料，在這裡稍作介紹。實施調查的是獅王股份有限公司生活照護研究所，他們採集、調查、分析了首都圈七個家庭中從廁所、客廳到寢室等各處的灰塵樣本。

在這個調查中，用顯微鏡觀察廁所的灰塵時，得知其主要構成成分為綿、化學纖維，以及來自廁所衛生紙的細小纖維。

我想，綿和化學纖維應該是來自於衣物。因為在解決大小便的廁所內穿脫衣服，所以纖維很多，這結果很容易理解。落在廁所狹小空間內的灰塵無處可去，所以廁所是一個容易堆積灰塵的環境。而且在廁所中設置有各種瑣碎的物品，像是衛生紙捲架、馬桶、毛巾架等，這點也是灰塵容易堆積的一個主因。

接下來，同公司還分析了取得灰塵中的細菌數，據說在一公克的廁所灰塵中，檢測出有約數十萬到數百萬個一般細菌，獲得了驚人的結果。

而試著調查了一下檢測出的細菌種類後，得出的結果是，在廁所灰塵中，有可能會導致食物中毒的菌種大腸桿菌群和造成氣味的葡萄球菌。順帶一提，據說，從寢室的灰塵中只檢測出葡萄球菌，而客廳則沒有一處檢測出上述任一種細菌。

同報告中也調查了廁所灰塵對細菌的影響。實驗內容是：「在大腸桿菌和葡萄球菌中，加入混合有廁所衛生紙和綿的模範樣本，以及沒加入灰塵者，各自培養這兩者，二十四小時後比較各自的細菌數。」

結果得到的結論是，不論是哪一種細菌，與沒加灰塵的相比，加了灰塵的數目增加了約十倍（請參照下頁圖表）。

大腸桿菌和金黃色葡萄球菌都因廁所的灰塵而增加了約十倍！

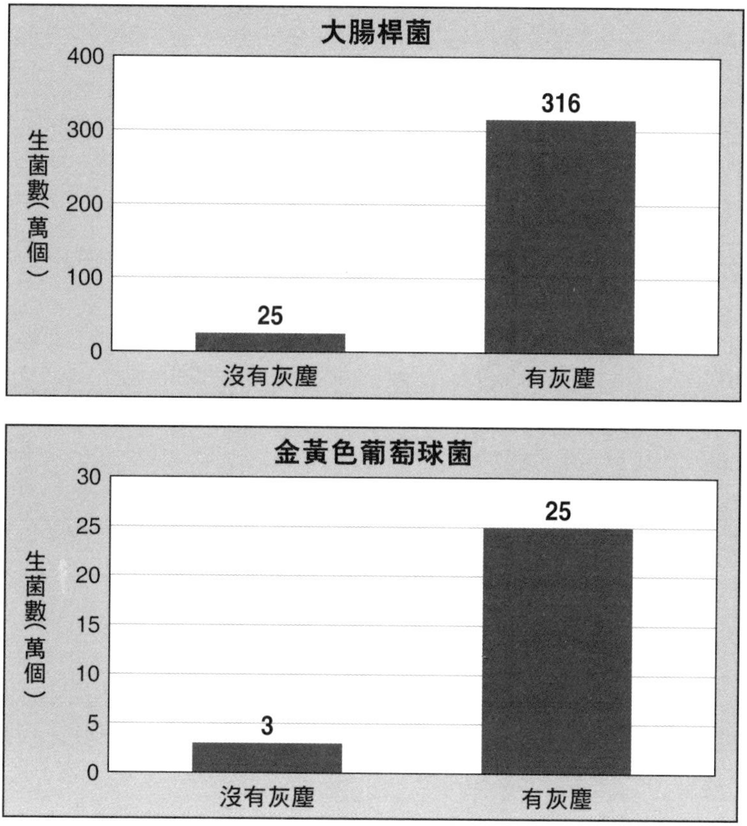

方法：在聚丙烯板上放上灰塵、細菌、養分，蓋上薄膜，培養 24 小時。開始產生的菌數：大腸桿菌／ 4.6（log 生菌數）；金黃色葡萄球菌／ 4.9（log 生菌數）；養分：濃度 1/20 的 NB 培養基、樣本灰塵（0.02g）；綿：廁所衛生紙 =6：4

要預防來自廁所的感染擴大所需留意之事

從這調查所得知的事項是，廁所中有成為飼食的大量灰塵，會繁衍眾多細菌，必須注意室內衛生與健康管理。

因此，打掃廁所時要留意保持清潔狀態，不只是眼睛看得到的髒汙，**重要的是要細心清除灰塵。**

而且在廁所內，手會碰到的地方非常多，請仔細將經常會觸摸到的地方做好除菌。各位平常有注意到嗎？實際上我們進入廁所後會摸到多少東西呢？請試著想像一下吧。

首先我們會握住門把打開門，進入廁所；其次會打開馬桶蓋上廁所；抽出衛生紙擦拭，轉開水龍頭洗手；然後用毛巾擦乾洗過的手，再握住門把出廁所。

在沒有特別意識到的情況下，我們在廁所內竟用手觸碰了這麼多東西。此外，在廁所中洗手時，一般家庭的情況應該有不少都是使用肥皂洗手，這種狀況下，手摸到的部分就會愈多，因而愈會提高感染疾病的可能性。

應對方法是日常就保持廁所清潔，仔細除去灰塵。而且物品的周圍容易聚集灰塵，打掃起來也不容易，所以重要的是，要極力減少將物品放置在廁所，請加以好好地整理收納。

預防疾病這樣做！

要降低在廁所內的感染風險，重要的是仔細除去灰塵，常保清潔，盡量不要放置物品，減少手會碰觸到的地方。

POINT

黴菌會讓人生病，最壞的情況甚至會導致死亡

眼睛看不到的黴菌之恐怖

前面已經介紹過，黴菌不只存在於灰塵中，還會附著在浴室牆壁、天花板，一旦出現，不論如何打掃，都會不斷滋生。尤其是在梅雨季時，想必有很多人都會為此煩惱吧！

眼所能見的黴菌雖必須立即除去不可，但其實也需要注意我們肉眼所看不到的黴菌。

因為有案例是因黴菌致死的，所以其實我們現在呼吸的空氣中也有可能浮游著致死原因的黴菌。

我們都認為黴菌是在室內產生的一種菌，但它本來是生存在戶外的一種生物。黴菌多數生存在土中，其孢子會乘著風進入室內。若室內有細小的泥沙或灰塵飛舞，黴菌的孢子就會一起飛舞，通過我們的口鼻，侵入支氣管，或是更深的肺部。

有一種病叫**「夏季過敏性肺炎」**，就是因為吸入了被稱為「毛癬菌」的黴菌孢子，而引起的過敏反應。它會出現發熱與呼吸困難等症狀，若演變成重症，**最糟的情況會致死**，是很恐怖的疾病。

在內科醫師倉原優所寫的《能躺著讀的所有呼吸知識》①一書中，介紹了倉原醫師在實習醫生時期，曾接診過一名罹患過敏性肺炎的一種——亞急性過敏性肺炎患者的故事。

在日本，亞急性過敏性肺炎很多時候是由先前所提到的毛癬菌所引起的夏季過敏性肺炎，當時的指導醫生似乎給出「去調查患者住家」的指示。因為他認為，造成亞急性過敏性肺炎的原因，是在住家環境中繁殖的黴菌、毛癬菌。

此外，最近「耳念珠菌（Candida auris）」成為新聞話題，這種黴菌被**通稱為日本黴菌**，在全世界流行（瘟疫）。

日本在二〇〇五年一名七十歲女性患者的外耳道中首次發現這種黴菌，之後在韓國、印度、巴基斯坦、英國、美國、南非等地都陸續發現。在二〇一一年報告出有韓國患者因敗血症死亡的事例。在美國，進入二〇一七年後，就有一百二十二例感染的報告，也出現許多死者。英國於同年八月的時間點，也確認有兩百例以上的感染。

若是健康的人，並不會殞命，但對於免疫力低下的住院患者或是本就抱病的人來說，則是攸關性命的大問題。

這個日本黴菌最令人感到不安的一點是，菌株會獲得抗藥性，抗生素對其無效，而且會逐漸擴散。在美國，據說已經有九成以上的菌株有了抗藥性，韓國與印度也確認有抗性化。在日本，雖還未確認有抗藥性的菌株，但今後從國外帶入的風險頗高，所以不可輕忽為是遙遠大海彼岸之事。

不要輕視它不過是黴菌而已。絕不可以忘記，世界上還存有許多像這樣能致人於死的黴菌。

黴菌容易孳生的意外場所

家中會滋生黴菌並不限於梅雨季。最近，利用加濕器來對治乾燥的家庭增多了，即便在冬天，黴菌也有偏多的傾向。

若用肉眼就能看出黴菌的繁殖狀態，就已經是在拉警報了。而和病毒不同，黴菌在自然環境下也能不斷增生，所以重要的是在還看不見的階段就要想出應對方式，學會讓它不再增加的方法。

黴菌之所以會發生，需要滿足**氧氣、溫度二十度以上、濕度百分之八十以上**的三個條件。氧氣無法隔絕，所以要預防黴菌增生就要經常通風、換氣，營造出黴菌討厭的環境。

在此將介紹特別容易被忽略的「黴菌容易滋生處」以及三種應對方式。

1 洗衣機的洗衣槽

在洗衣槽中，黴菌容易繁殖，而且也是最容易被忽略的地方。

除了衣服會附著上黴菌，在充滿黴菌的洗衣槽中，若還洗了打掃地板用的超細纖維拖把的布巾或抹布會如何呢？愈是拿那個布巾來打掃，愈是會將黴菌的孢子散播在房間地板上。

洗衣槽的使用頻率雖不同，但請兩個月就打掃一次吧！此處的重點是要使用的洗潔劑。

要清除洗衣槽的黴菌，比起氧系的漂白劑，**氯系漂白劑（次氯酸鈉）**的殺菌效果較高，所以最為適合。

不過現在的洗衣機大半都是不鏽鋼製的洗衣槽，若長時間浸泡氯系漂白劑，恐怕會讓洗衣槽生鏽。因此我推薦，應配合使用有防止生銹劑的氯系洗衣槽用清潔劑。同時，在使用洗衣槽清潔劑時，因為每個產品中的氯氣濃度都不一樣，洗衣機的水量也依機種而有差異，所以請遵照各產品的使用說明書來使用。

如果使用的是不用擔心生鏽的塑膠製洗衣槽洗衣機，也可以使用較為便宜的廚房用漂白劑來代替專用的清潔劑。

廚房用漂白劑中配合有界面活性劑（洗潔劑成分），這個界面活性劑會讓漂白劑的氯氣成分容易滲透進黴菌中，能確實殺菌。

最後，使用完洗衣機後，要記得每次都要打開洗衣機的蓋子，保持通風良好。

2　浴室天花板

在浴室，不僅是門口的踩腳墊和地板，也請關注一下浴室天花板上水滴乾掉的痕跡。

黴菌的孢子約五微米（〇．〇〇五公厘），是非常小的生物，會黏附在浴室天花板所產生的水滴四周。孢子被稱為菌絲，會不斷邊伸展絲邊增生，直到變成可以用肉眼確認的大小，我們才會知道有黴菌存在。水滴的水分若蒸發，菌絲的成長就會停止，菌絲的伸展雖會停止，但相對的，菌絲前端就會開始形成許多孢子。這些孢子會落在地板或空中，再次為尋找能繁殖的場所展開旅程。

雖然稍微有點麻煩，但若使用完浴室，請用長柄的橡皮刮水器（裝有光滑的橡膠，可以去除窗戶玻璃水滴等的T字型打掃用具），或用超細纖維拖把去除天花板的水滴。單是這樣做就是一種非常有效的黴菌應對法了。

3 地毯

大家是否有過這要的經驗？夏天時，若赤足走在地毯上，腳底會覺得黏黏的。炎熱的夏天，含有空調溼氣的冷氣比較會沉積在房間下方靠近地板處。若地板的材質是地毯，纖維會吸收水分，使得腳底黏乎乎的。

如果在地毯完全乾燥前使用吸塵器，吸塵器的紙袋內就會充滿濕氣，造成黴菌繁殖。

要解決地毯濕氣和黴菌的問題，只有把它曬乾。若家中有嬰幼兒或高齡人士，大家要不要試著考慮乾脆替換成能分割型的拼貼式地毯呢？

以上列舉出居家特別容易被忽略的三個黴菌繁殖重點。其他家中黴菌容易繁殖的地方可以列舉出有：

●用水處　●會結露的窗戶周邊　●床四周　●無隙縫緊貼牆壁的家具內側　●通風不良處　●日照不佳處　●空調或加濕器

請確認這些黴菌發生的高風險處，並保持家中通風良好，不要讓濕氣滯留。還要定期打掃空調濾網和加濕器的水槽，在黴菌產生前先下手為強。

從前打掃醫院時，說起院內的防治感染對策總是偏向關注諾羅病毒與流感等。但在知道其實黴菌也是很恐怖的存在後，近年也在尋求應對方法。

在家中，請務必趁還看不到黴菌的時候**努力除濕，將房間濕度經常維持在百分之八十以下**，用完水後**每次都要擦乾水滴**，還**要清掃會成為黴菌飼食的灰塵和髒汗，請不要放著不管**，希望大家都能留心黴菌的防治。

1)《能躺著讀的所有呼吸知識：為護理師・實習醫師所寫的，輕簡呼吸器診療與照護2》（『もっとねころんで読める呼吸のすべて：ナース・研修医のためのやさしい呼吸器診療とケア2』メディカ出版）

預防疾病這樣做！

黴菌是造成許多疾病的原因，重要的是不要讓其增生。控制濕度不要超過百分之八十，要清掃黴菌喜歡的水滴、灰塵和髒汙，不要放著不管。

POINT

愈是用力打掃，家裡的灰塵和黴菌愈是會擴散開來

灰塵經常會在家中移動

前面我們解說了關於家中灰塵、黴菌與疾病的關聯。在這裡，要來談**「家中髒汙與打掃的基本關係」**。

雖說很理所當然，但說起來，會產生髒汙的灰塵是有原因的。一定有造成房間髒汙的原因，也就是**「灰塵發生源」**。

代表性的灰塵發生源可以列舉如下：

●衣類纖維　●棉被或坐墊的棉絮　●人類皮脂　●掉下來的毛髮　●從外頭帶進來的泥沙　●食物碎屑

這些混合在一起後就成了灰塵。

就像這樣，若沒有灰塵的種子，就不會開出灰塵的花。

其次重要的是，產生的**灰塵種子會在家中「擴散」**。

灰塵飄浮在空中後，除了非常輕的之外，都會掉落在地板或架子等水平面上。

而每當家中的人員或器物移動，即便只是稍微移動一些，都一定會產生**「氣流」**。

每當人或物移動、開窗、開空調，暫且掉落在某處的灰塵就會乘著這股氣流飛散、移動。

落在地上的灰塵會散落分布在房間中。量少時，眼睛很難看見細微的灰塵，房間看起來是很乾淨的。但是，若就這樣放著不管，隨著人或物移動而引起的氣流，灰塵會漸漸聚集在房間角落或家具周圍，這樣一來，房間就會看起來很髒。

具體來說，家中容易堆積灰塵的地方可以列舉如下：

●走廊角落　●房間牆角　●家具四周　●有換氣扇的地方　●帶靜電的電視等電器製品四周　●空調下方

要有效整治這些地方，預防因灰塵以及含在灰塵中的黴菌與病毒所導致的

落在房間地板灰塵的移動

※ 俯視圖

灰塵散落四處，看來很乾淨

落在地上的灰塵量少又細微，而且還散落在房間中，肉眼難以看到，乍看之下，房間的地板看起來非常乾淨。

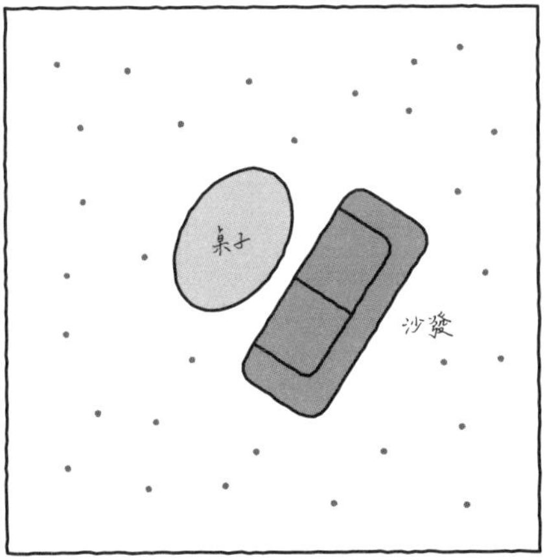

灰塵漸漸聚集

人員或物體一旦移動就會產生氣流，灰塵會聚集在房間角落與家具周圍。即便是相同量的灰塵，也會因聚集起來而變成看得到。

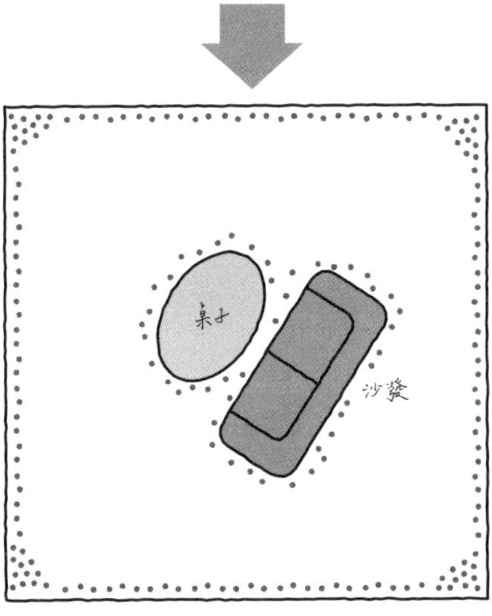

疾病，請用以下介紹的方法進行清掃。

早上，空氣中的灰塵落在地面上時，可以一個人靜靜地用**乾拖布的平板拖把**，打掃前頁提到的「灰塵容易聚集場所」的地板。雖然一般認為用濕拖布比較容易擦去灰塵，其實若用水擦拭地板，容易將髒汙與雜菌塗得到處都是，所以不建議這樣做。此外，落在電視機等電器製品上的灰塵，請用**超細纖維布**輕輕擦拭。超細纖維的纖維很細，所以連小粒子的灰塵也能捕捉，不會漏掉。

要像這樣**「一個人安靜地打掃」**是有原因的。因為要抑制因人員活動而產生的氣流，需極力減少揚起灰塵，所以待在室內活動的人數最好愈少愈好。

此外，平板拖把以及超細纖維拖把的**移動方式**也是重點。因為目的是要去除乾灰塵，所以不需要用力。平板拖把要**盡可能遠離身體，緊貼地板，不要用力，往前安靜且緩慢地**滑過地板。用超細纖維拖把擦灰塵的打掃也是，藉由往同一方向輕柔且安靜地移動，就可以將灰塵的揚起抑制在最小限度（參考插圖）。

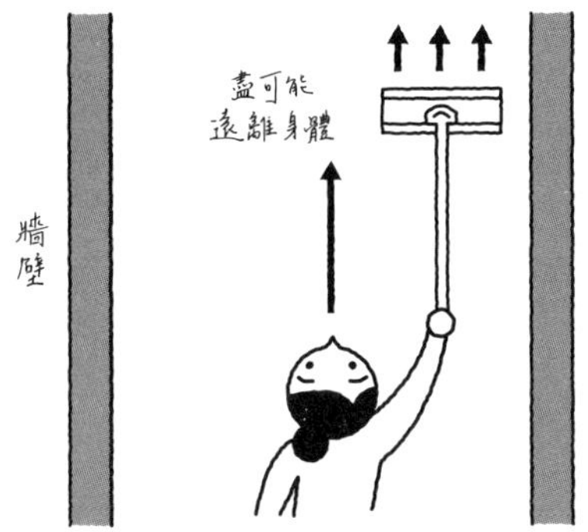

或許平常大家都不太注意到，打掃的基本本來就是不斷重複**「蒐集髒汙↓回收」**。只要能有效進行這項作業，就不需要一定得拚盡全力做居家的掃除。

藉由重點式打掃灰塵容易集中的地方，而非均一打掃所有場所。需有效降低包含灰塵在內的黴菌、病毒等所導致的疾病感染風險為目標。

預防疾病這樣做！

重要的是，要用乾的平板拖把以及超細纖維拖把，重點打掃灰塵聚集之處，減少灰塵的絕對量。

POINT

若持續錯誤的打掃方式，人就會生病

錯誤的打掃會讓感染病擴散

每年，從秋天到冬天，因諾羅病毒所導致的感染性腸胃炎或流感流行之際，從電視新聞上經常可以看到，幼稚園的保育員或是老人安養中心的護理工作人員，重複消毒擦拭桌子以及扶手的景象。每次我看到這樣的畫面都會不禁脫口而出：「不對，不對！」

要說有什麼不對，就是**「擦拭方式」**。

若目的是在消毒，基本重點就在布巾要**「朝同一方向擦拭」**。若把布巾用像是汽車雨刷那樣往返擦拭，那麼附著在布巾末梢的細菌以及病毒，不僅會落在桌上或扶手上，且曾經附著在布巾上的細菌以及病毒，也可能會再次附著在打掃處。

乍看之下會覺得那都是些很細微的事項，但重要的是，要因應感染病，就是要不斷重複做正確的打掃。

此外，關於防範感染於未然的方法也是很容易搞錯的地方，因為不是所有病毒都可以藉由酒精殺死。其實，根據不同病毒種類，也分為可以用酒精殺死與無法用酒精殺死的類型。

以流感和德國痲疹為首，許多病毒都被稱之為「包膜」的脂質膜所覆蓋。另一方面，也有少數如諾羅病毒與輪狀病毒沒有包膜的類型。

酒精雖然可以溶化這層膜並殺死病毒，但對於本來就沒有包膜即能生存下去的諾羅病毒與輪狀病毒來說，酒精是無效的。

針對酒精起不了效用、沒包膜的病毒來說，有更強力殺菌效果的次氯酸鈉（家庭用漂白劑）則非常有效。

要預防諾羅病毒與輪狀病毒的感染，請**將家庭用氯系漂白劑稀釋為百分之〇‧〇二，始終以布巾的同一面朝行進方向消毒擦拭**（稀釋方法參照第87頁）。

錯誤的打掃其實非常恐怖，過去也有例子是因打掃方法的錯誤而引起慘劇。

先前稍微談到，二〇〇六年十二月，東京都內發生了在大型飯店內，有四百四十四位住宿客與使用者集體感染諾羅病毒。

飯店服務人員仔細地用吸塵器清除沾在走廊地墊上的嘔吐物，所以大量諾羅病毒就透過吸塵器的排氣飄散在空氣中，而住在同一樓層的住客以及來到這層樓的人就吸進了被汙染的空氣。

諾羅病毒它的特性是即使就算在乾燥的環境中也能生存約一個月。它的粒子非常小，比其他病毒更容易擴散，所以絕對不可以用吸塵器打掃嘔吐物的痕跡。

談到吸塵器，各位每天使用的吸塵器有沒有發出奇怪的味道呢？這也是務必要加以檢查的重點。

之所以這麼說是因為之前曾發過以下的事例。

一位客戶連絡我：「我一個月前買的掃地機器人，發出了奇怪的味道，不曉得什麼原因……」於是我到了他家，發現吸塵器的確發出怪味。那味道很強烈，不禁讓人想捏起鼻子。

我立刻進行檢查，發現吸塵器本身並沒有異常，但取下馬達後卻令人大吃一驚！紙包集塵袋因灰塵而鼓成滿滿一大包，而且黴菌還以此為食物，覆蓋在上面滋生了一大堆。那個怪味的實體就是黴菌。

若使用了這種吸塵器，別說能將房間打掃乾淨了，在紙包式集塵袋中繁殖的黴菌，還會藉由排氣，被飛灑在房間中，居住其中的人就會吸進有大量黴菌浮游其中的空氣而生病。如果那是感染力很強的諾羅病毒……光是想像就讓人覺得恐怖。

如果覺得家中吸塵器出現奇怪的味道，首先請懷疑是紙包式集塵袋。請**養成習慣，在紙包式集塵袋中擠滿了灰塵之前就定期更換吧**。

預防疾病這樣做！

要預防感染諾羅病毒與輪狀病毒，不是用酒精，而要將家庭用氯系漂白劑稀釋成百分之〇．〇二，往同一行進方向，用布巾的同一面消毒、擦拭。

POINT

打掃能做到的傳染病防治對策
重點，就在於家中的用水處

用水處是病原體的繁殖重點

在前項，我們介紹過了因打掃方式錯誤，而透過灰塵與黴菌所導致的病毒感染風險，也舉出了其他在家庭內，像是衛浴、洗臉台、廚房抹布等也是病毒、細菌容易繁殖的場所。也就是說，減少**用水處的病毒數、細菌數**，也是家中感染防治對策一大重點。

在此，我想來談一下其中的洗臉台、廚房與衛浴。

首先，要說在洗臉台周遭感染風險很高的就是**綠膿桿菌**。

例如，大家是不是會把使用過後的牙刷就這樣濕濕地放著不管呢？在牙刷上存有分量十足的食物殘渣（營養）和水分，可以讓雜菌繁殖。不論如何用流水沖洗，若濕濕地放著，就會成為雜菌的巢穴。

而且雖然肉眼看不到，但刷牙時口水等飛沫會飛散在洗臉台四周。這麼一來，若是沒有將飛濺在洗臉台四周的水分擦乾淨而是放著不管，**綠膿桿菌**這類細菌就很容易繁殖。

綠膿桿菌是用水處的常在菌，以人的腸道為首，也會廣泛生長在自然界中。只要有水分，就算在養分很少的環境中也能存活下去，是伺機性感染的典型病原菌之一。對健康的人來說一點害處都沒有，但對嬰兒、高齡人士、免疫力低下的人，以及臥病在床的人則必須要注意。若感染了，會引起**呼吸器官感染**、**尿道感染**，**以及敗血症**等。

而且在醫院中，抗生素起不了效用的多重抗藥性綠膿桿菌（MDRP）可是一大問題。MDRP在部分醫療機關中有出現過因院內感染而死亡的病例，要防治綠膿桿菌感染所導致的院內感染，就要採取徹底的應對方式。

雖然一般認為家中不會有MDRP，但使用完洗臉台後，還是請養成習慣，俐落地擦掉周圍沾附的水滴比較好。

抹布、餐具全部一起洗會成為細菌的溫床

接著來說明關於廚房的感染防治對策。

關於料理方式與食品保存而發生的食物中毒就交給這方面的專家們，我想告訴大家的是關於**使用抹布與統一清洗餐具**的問題。

首先第一個是抹布。擦拭料理台的抹布和餐具用的抹布，尤其容易成為細菌的溫床。細菌增生的條件有**「水」「營養」「溫度」**以及**「濕度」**。廚房的抹布是具備了滿足所有這些條件的環境。

對細菌來說，水，只要擦拭水槽周邊的水分就很夠了；營養，可以從料理食品時的殘渣獲得。料理時會使用到火與水。所以廚房內的溫度、濕度都很高，對細菌來說是舒適的居住環境。只要是在齊備這四項條件的環境下，沾附在抹布上的細菌就會以驚人的速度增生。

有很多人會在料理時用抹布擦拭調理台與用水處，但若是用手抓了抹布使

用的那一面再繼續去料理，細菌就會附在食品上，造成食物中毒。所以請在結束所有料理後再統一清潔料理台，**料理中不要接觸到抹布**。重要的是，每次只要摸到抹布，就要用肥皂洗手。

至於使用完的抹布，**每晚一定要用氯系漂白水漂白**，並放**在通風良好的場所徹底晾乾**。

接著是統一清洗碗盤。如果早上很忙，要洗的東西又少，大家是否會養成習慣，連同中餐的一起洗？或著是晚上很累，或是因為晚上喝了酒，覺得有點懶，就把晚餐時的碗盤堆遲到隔天早上再洗？

若將使用完的餐具堆置在水槽中，就會和牙刷一樣，因有大量的養分和水分，讓細菌增生。

細菌會重複進行細胞分裂，增加至兩倍、四倍。

引起食物中毒的大腸桿菌是以十七分一次；腸炎弧菌是以八分一次；金黃色葡萄球菌是以二十七分一次的頻率進行細胞分裂，**從一個開始，幾小時後**甚至可以達致**一至兩萬個**。

使用完的餐具只要浸泡放置半天，最少只要放置四至九小時，水槽中就會繁殖出數量頗多的細菌。雖然這是大家經常會做的事，但之後若沒有充分洗淨，就會**導致食物中毒**，所以碗盤堆積統一清洗是非常危險的。

要盡量養成**「每餐飯後清洗碗盤並立刻擦乾淨」**的習慣。

浴室中要注意肺MAC菌

最後是關於浴室的感染病防治對策。

我想大家應該不常聽到這個名詞，但浴室中有會引起肺MAC症的「MAC菌」，這種菌非常類似結核菌，一定要注意這種菌的感染。肺MAC症是日本近年來急遽增加的肺部疾病，據估計，一年內有超過一千人死亡。初期沒有症狀，進行到肺炎階段時，會出現**咳嗽、摻雜血絲的痰**等症狀。免疫力低的人容易感染，另一方面則不會人傳人。

ＭＡＣ菌生存在浴缸的熱水出水口、沾在蓮蓬頭上的黏液與水垢中，在四十二度上下的溫度中繁殖。

凡是在打掃浴室時，一定要換氣，這就是預防這個感染的對策。這個時候，只要**保持將窗戶兩側打開十公分**，風就會吹過浴室一圈，能有效換氣。

而且請務必用**冷水**清掃，不要用熱水。同時，因為飛濺的水花中含有細菌，請注意盡可能不要被濺到。

此外，不要製造會成為ＭＡＣ菌住處的黏液或水垢也很重要。入浴後可以使用刮水器除去浴缸、牆壁或地板上的水珠。

希望大家知道，洗臉台和廚房、浴室等用水處每天都會使用，若打掃方式錯誤，就會提高感染疾病的風險。

每天只要幾分鐘的打掃習慣就能預防，請試著從這些可以做得到之處著手。

預防疾病這樣做！

用水處以綠膿桿菌、大腸桿菌、MAC菌為首，是細菌容易繁殖的場所。擦乾水滴，不要放著不管，這樣就能抑制細菌繁殖。

COLUMN 1

大家都不知道的豆知識

你知道細菌和病毒的差別嗎？

你知道細菌與病毒的差別嗎？

流感、諾羅、RS、單純疱疹病毒等是「病毒」；另一方面，大腸桿菌、葡萄球菌、黴菌等是「細菌」。

這兩個差別之處，一言以蔽之，就是是否靠單體就能活下去的「生物」。

細菌是單細胞生物，有細胞，只要備齊養分與水等條件，即可單獨生存下去。細菌有自我複製的能力，能分裂增生。

另一方面，病毒的外殼是由蛋白質組成，內部是只有基因的單純構造。因為沒有細胞，單體無法生存，是「非生物」，需侵入人與動物等身體內，寄生在其他生物身上繁殖。

因此，許多病毒在扶手與門把等環境下無法長時間生存。但是只有諾羅病毒例外，竟能頑強地生存三十天以上。諾羅病毒傳染力很強，會透過手等媒介，從人傳人、從物傳人，陸續擴大傳染，讓人難以預防。

比較一下細菌與病毒的大小，其差異也很明顯，例如若是以人在地球上大小來說，細菌就如大象那麼大，而病毒就是小老鼠那麼小。病毒非常小，若非用電子顯微鏡就看不到。

第2章

不同疾病別．防患未然的打掃術

不論是什麼季節，家庭內都有許多疾病潛藏在我們身邊。除了細菌以及病毒所引起的感染病之外，我們也不能忽略因灰塵或花粉所導致的過敏性疾病，以及由不太為人所熟知的黴菌所引起的呼吸道疾病。本章中將以在醫療院所打掃清潔的醫療級經驗為基礎，介紹除去造成這些疾病原因的適當方法、預防感染以及疾病的種類。

POINT

從感染路徑來思考傳染病——飛沫傳染與接觸傳染

從傳染路經開始了解應對傳染病的方式

流感與諾羅病毒等病毒以及大部分的細菌和灰塵、黴菌等不一樣，因為肉眼看不到，所以無法精準消滅。

但是，透過了解在家中「容易附著哪些地方？」「該養成什麼樣的習慣才能預防？」等等，就能對付這些病毒或細菌，進而降低感染風險。因此，我們首先必須知道關於病毒和細菌的傳染路徑。

傳染病的傳染路徑有三種：①飛沫傳染；②接觸傳染；③空氣傳染（飛沫傳染——含有病毒的噴嚏或咳嗽等飛沫的水分乾燥，只殘餘病毒的核心在空氣中浮游、擴散造成的傳染）。用打掃就能獲得效果的防治傳染對策是**①飛沫傳染**與②**接觸傳染**。

飛沫傳染起因於感染的人在咳嗽、打噴嚏或是說話時，飛散的唾沫進入到他人鼻腔或氣管。細菌和病毒因為吸附有水分所以很重，其飛散的距離，若是咳嗽頂多只有兩公尺，打噴嚏也只有三公尺左右。但是據說，咳嗽一次會有**約**

十萬個病毒飛散，若免疫力低下，就會提高感染風險。

要說起飛沫傳染的疾病代表，就是**流感**。其他還有一般所謂的普通感冒、流行性腮腺炎以及德國麻疹等因飛沫傳染而染上的疾病。

另一方面，接觸傳染是直接接觸到細菌或病毒，或是用被汙染的手吃東西，或碰到嘴巴，因病原體侵入體內而導致的感染。

諾羅病毒與**腸道出血性大腸桿菌〇一157**等傳染性腸胃炎，是因接觸而染病的代表性疾病。

接觸傳染的主要感染源可以列舉出有：被病原體汙染的雙手、食品、門把、馬桶座、扶手、家電遙控器，以及燈光開關等。

這些接觸傳染的高風險感染場所，可以在乾擦、去除成為細菌餌食、造成病毒附著飛散的灰塵等汙染後，用酒精或次氯酸鈉（家庭用漂白劑）消毒擦拭作為防治對策。

接下來，我們要來談談對於家庭內引起的疾病，可以用什麼樣的打掃方式來預防感染。

各病原體的傳染路徑與生存時間

病名	主要傳染路徑	病原體名	自然環境下生存時
RS 病毒感染症	接觸傳染、飛沫傳染	RS 病毒	7 小時
咽喉氣管支氣管炎	接觸傳染、飛沫傳染	副流感病毒	10 小時
一般感冒	接觸傳染、飛沫傳染	鼻病毒	3 小時
流感	飛沫傳染	流感	24~48 小時
傳染性腸胃炎	接觸傳染	諾羅病毒	4℃下 60 天以上
			20℃下 21~28 天
			37℃下，1 天以下
一般感冒	接觸傳染	腺病毒	49 天

病毒雖要寄生在人或動物身上才能長久生存，但在自然環境下的生存時間並不一致，不同種類，時間也完全不一樣。在傳染病流行期間，防治對策就是請勤奮打掃手經常會接觸到的地方或物品。

POINT

「流感」可以藉打掃與控制濕度來預防

為了不染上流感要做的事

二〇一七年，從九月十一日開始的一星期內，日本因流感而停課的學校已達三十所，同時發布消息，福井縣已進入流行期（九月二十二日，厚生勞動省發布）。厚生勞動省並指出，「今年全國性的流感流行可能會提早」。雖說是九月，在白天仍是會感到炎熱的季節。雖然驚訝於才這個時期就已經出現流感，但人們也只是驚訝，卻沒有開始做些預防準備。然而確實採取因應對策是非常必要的。

誠如前項也提到過，傳染流感的基本是**飛沫傳染**。患者從咳嗽、打噴嚏發出的唾沫含有病毒，若從口鼻吸進體內，病毒增生後就會發病。

而雖說其不會透過接觸以及空氣傳染，但其實也不能這麼斷言。

打噴嚏飛出的唾沫在水分乾了之後，若含在唾沫中的流感病毒飄浮在空氣中，感染了流感的人打噴嚏、咳嗽時以手遮口之後，那隻手經由接觸門把或扶手，當然就有可能會以接觸傳染的方式傳給其他人。

那麼，若家中要預防流感的傳染，什麼樣的打掃方式才是有效的呢？請詳見接下來的敘述。

寢室和棉被保持乾淨的流感因應對策

首先，大家覺得家中感染流感風險最高的地方是哪裡？

那就是**寢室床鋪的周遭**。寢室中有棉被等寢具以及衣櫥中的衣物，有很多會生出灰塵的地方，灰塵量比起客廳等處也有偏多的傾向。而流感病毒的飛沫只要落在地面上，之後就會因空調氣流或打掃方式，與從寢具中大量飛出的灰塵一起再度飛散在空氣中。

在此，**除去**極有可能含有病毒的**灰塵**非常重要。

打掃的方法是，從高處依序打掃到低處以除去灰塵。從高處開始依序打掃的原因是，若先打掃低處，就算清掉了灰塵，當打掃高處時，灰塵又會飄落到下方。

櫃子上方等高處的細微灰塵很容易清掃，請用**超細纖維布**乾擦。至於地板部分，若是木製的，建議使用**乾拖布的除塵紙拖把**會比吸塵器好，因為灰塵不太會飛舞。若是地毯，就將吸塵器設定在電動滾刷模式，慢慢移動以吸起含有病毒的灰塵。

打掃之後的首要事項是**加濕**。在乾燥季節，當我們就寢時，要將濕毛巾晾在房間中，或是使用加濕器等，請留心加濕。藉由**保持房間濕度在百分之五十至六十**，就能減少流感的感染風險。不過，若濕度超過**百分之六十**，塵蟎以及黴菌可能會繁殖，所以要注意濕度不要太高。

為什麼加濕能有效防治流感呢？因為流感病毒在高濕度中會減弱，而且打噴嚏與咳嗽的飛沫會因為吸取了空氣中的輕霧而變重，會立刻落到地面上。若飛沫在傳到人口鼻之前先落到地板，就能減少病毒傳染擴大的風險。

可是病毒就算落在地面，在平滑的平面上仍可以生存二十四至四十八小時。因此為了不讓落在地板上的病毒再度飛散，請留心採用如先前介紹過的**不揚起灰塵的打掃功夫**。

此外，寢室的流感因應方法則是利用**太陽光晾曬棉被與枕頭**。盡可能將寢具拿到太陽底下曝曬，一週曬一次，床單和枕套則至少一週更換一次。

但是應該也有因為天氣不好或忙碌而無法做到的時候，這時候有個方便的**防治病毒感染法，就是用浴巾蓋住寢具，並辛勤更換**。

浴巾要準備三條。首先，用一條包住枕頭，另一條平鋪在枕頭下，後一條固定在被子外側一邊就完成了。

浴巾方便洗滌，勤快更換的難度也比較低，對吧？順帶一提，浴巾的材質，建議使用聚酯纖維或尼龍等化學纖維，會比容易出現灰塵的棉來得好。

注意將房間**加濕**到濕度百分之五十至六十的基準，**打掃時不要揚起灰塵**。

關於流感的預防，請記住這兩點。

預防疾病這樣做！

就防治流感的對策來說，重要的是保持房間濕度在百分之五十至六十、勤快晾曬寢具與更換床單、打掃時不要揚起灰塵。

POINT

大家都不知道的預防「諾羅病毒」正確消毒法

諾羅病毒最難用打掃預防

二〇一四年一月，靜岡縣濱松市的小學發生了一千名以上小學生自述有嘔吐、腹瀉症狀的集體食物中毒事件。感染源是營養午餐所提供的麵包。在製造麵包之處的女廁所中，同樣檢查出了有諾羅病毒，所以認為是感染了該病毒的工作人員，於檢查商品時將病毒染到了麵包上。此外，廁所打掃不完全，以及消毒不夠也是一大問題。

諾羅病毒主要是在冬季流行，但整年都有感染的危險。因為會從感染者的糞便與嘔吐物開始傳播，感染防治對策最重要的地方毫無疑問地是**廁所**。在家庭中，若是流行期開始，或是如果家中有出現感染者時，為了避免感染在家族中擴大，就需要仔細留心打掃廁所。

那麼具體來說，諾羅病毒是如何從廁所中傳播開來的呢？

若感染諾羅病毒的人在廁所吐了，首先，嘔吐物會彈飛在便器四周。廁所中很狹窄，所以不要忘了也可能會飛濺到牆壁上。像這樣飛散在便器四周的病毒乾燥後，當其他人使用或在打掃時，感染就會經由手或打掃用具擴散到廁所外。

馬桶沖水時其實也需要注意。開著馬桶蓋沖水時，就算眼睛看不到，水滴也會彈跳至便器外。

我們試著實驗調查了實際沖水時，會有多少水滴濺出。

首先，在馬桶上放上Ａ４紙張沖水。接著確認在該Ａ４紙張內面有多少水滴飛濺的痕跡。結果確認有約四十至五十個的水滴飛濺出來（左頁照片）。

如果嘔吐物或排泄物中含有諾羅病毒，沒有蓋上馬桶蓋就沖水時，諾羅病毒就會和飛濺的水滴一起擴散到便器外。

而誠如前述水滴實驗所表明的，不論馬桶蓋是蓋著還是開著，都是病毒容易附著的地方。如果用布擦拭附有諾羅病毒的馬桶蓋，再直接用同樣的布擦拭坐墊，就會將病毒從蓋子上移到坐墊上。若在不知情下觸摸到該坐墊，手也會

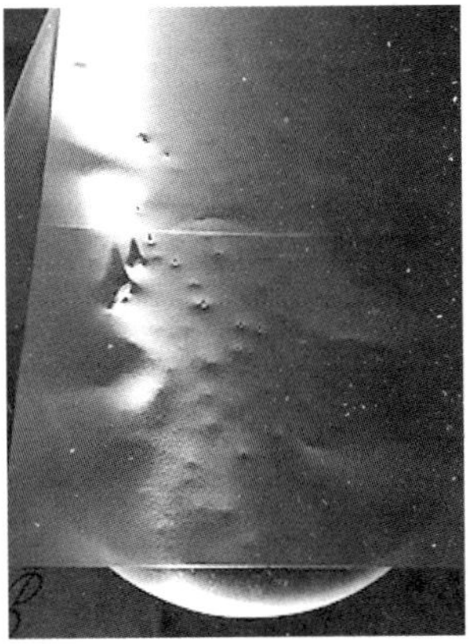
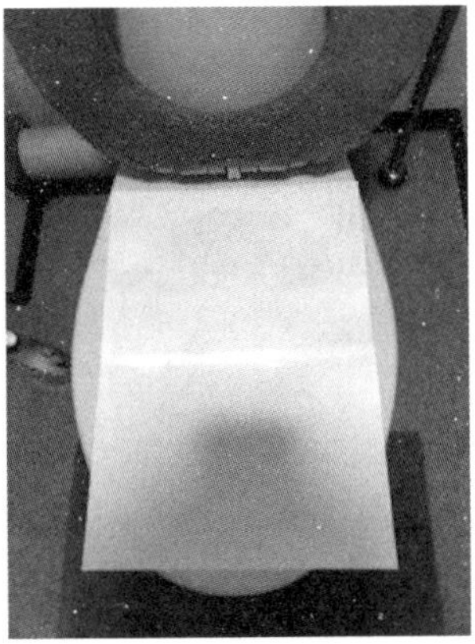

（右邊照片）在打開馬桶蓋的狀態下放上A4紙沖水。（左邊照片）A4紙上有約四十至五十個水滴飛濺的痕跡。

附著到病毒；若用該手吃東西，病毒就有可能因此進入口中而感染。

而且也不可以忘記，透過進行打掃的手也會擴大感染。若直接用手打掃便器，該手一定會附著上病毒。若髒汙的手觸摸到好不容易打掃乾淨的馬桶或扶手，病毒又會附著其上。

就像這樣，在不斷重複中，諾羅病毒就會從廁所往外傳，不斷擴散。若用無視病毒存在的打掃方式，別說要降低廁所感染的風險了，反而只會提高風險。

那麼若到了諾羅病毒流行時期，該怎麼注意家中清掃呢？

最重要的是，消毒擦拭廁所馬桶、扶手

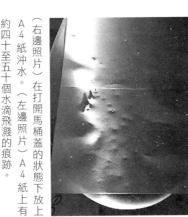

以及門把等經常會觸摸到的東西，還有消毒使用後的拖把和布巾。

誠如在第 1 章告訴大家的，諾羅病毒沒有病毒包膜，所以使用酒精並沒有除菌效果。對諾羅病毒有效的消毒液是**「次氯酸鈉」（氯系漂白劑）**。

不過若使用時不知道能讓消毒液發揮效果的條件就沒有意義。讓我們來談談意外地不為人知的消毒液正確使用方法吧。

首先重要的是**濃度**。次氯酸鈉要經稀釋後才使用是基本，但此時，調整到如接下來要介紹到的恰當濃度則是非常重要的。

然而即便是在醫院的打掃現場，也每每都能看到工作人員隨便將水咕嘟咕嘟地倒入稀釋的情況。比較一下稀釋後的溶液味道會發現，從一方容器中會猛然傳來刺鼻味；與之相對，另一邊容器中只有些微氯氣的味道，明顯就是沒有考量到濃度稀釋太過的問題。

這樣的消毒液完全微不足道。次氯酸鈉的濃度若不足就無法殺死病毒，所以沒有任何意義。

次氯酸鈉若是用來做預防的**消毒擦拭**，基本要稀釋到百分之〇・〇二。在家中，像是「Haiter」①和「Bleach」①等漂白劑，或是用於消毒奶瓶的醫藥品「米爾頓」②等都含有次氯酸鈉，可以加水稀釋使用。

不同商品所有的次氯酸鈉濃度也不同，所以請記得，若商品不同，加的水量也要改變。例如「Haiter」和「Bleach」原本的濃度是百分之五至六，而「米爾頓」是百分之一。

為了預防而使用「Haiter」等來消毒扶手時，**以五百至六百毫升的水稀釋二瓶蓋（十毫升）的漂白用洗劑**，就能做出百分之〇・〇二的消毒液。

順帶一提，這個消毒液隨時間經過，氯氣濃度會降低，不可以先做好放著。請在要使用前再做稀釋。

一般來說，很多人對漂白劑都有不好的印象——對身體不好。但隨著時間經過，氯氣濃度會降低，所以若是手碰到漂白劑消毒液消毒之處，對人體是不會有什麼影響的。其成分經稀釋濃度後也可以用來消毒嬰兒奶瓶，只要正確使用，就是安全又有效的消毒液。

就像這樣，從平日起，藉由擦拭、消毒廁所中感染諾羅病毒高風險的地方，就能有效預防。

消毒時使用的布巾可以另用新的消毒液殺菌，同時請確實晾乾。

正確處理嘔吐物的方法

那麼，若無法如願預防，實際感染了諾羅病毒，家人在家中嘔吐時，該如何處理呢？

若在此失敗了，感染會一口氣擴大，所以是非常重要的重點。在嘔吐物乾燥、病毒飛散在空氣中前，請盡早運用以下方法進行消毒。

①首先，做成百分之〇・一的**稀釋消毒液**（此處的目的不是預防，所以濃度是百分之〇・一，比百分之〇・〇二更濃）。消毒液無法事先做好放著，所以請要用時再做。開始處理前，請**穿戴免洗手套與口罩**。

②其次，用紙巾覆蓋在汙穢物上，讓消毒液緩緩從紙巾上方滲透下去後再擦掉。

③在擦去汙穢物的地方，再度鋪上紙巾，讓消毒液滲透進去，放個**十分鐘**後再擦一次。

④將用水淋濕的紙巾再擦一次相同地方後就結束。

擦拭時，絕對不可以像雨刷那樣來回擦拭。這麼一來，擦去的病毒又會再被推回到原來的地方。正確的擦拭方式是，**行進方向始終一致**。

若是吐在地毯或墊子上時，使用漂白劑的消毒液會讓物品褪色，所以最好避免使用。請用紙巾擦去嘔吐物後再以**八十五度以上的蒸汽熨斗**熨燙該處，進行消毒。使用後的熨斗一定要用百分之〇・一的漂白劑擦拭消毒。

沾染到髒汙的衣服或床單，若是白色的就浸泡在漂白劑做成的消毒液中十分鐘以上，之後再**與其他洗滌衣物分開**洗滌。若是無法漂白、有顏色花紋的，就浸在八十五度以上的熱水中一分鐘以上，之後也是請與其他洗滌衣物分開洗滌。

關於諾羅病毒的消毒，**浸沾消毒液的時間**非常重要。

就算是濃度足夠的消毒液，若浸沾病毒的時間過短，就無法殺死病毒，使其能生存下來。

使用消毒液時，要遵守前頁說明的足夠濃度與時間，而且必須要考慮到消毒液是否會傷害物品質地等事項來使用。

再重複一遍，諾羅病毒的傳染力非常強，這種病毒在自然環境下也能長久生存。

尤其是在諾羅病毒流行時期，希望大家盡可能一天一次以正確方法擦拭消毒。若是家人出現感染者時，在每次使用完廁所後，都要消毒廁所的門把、馬桶蓋、水龍頭等手會碰到的地方。

1)「Haiter」「Bleach」都是花王產品名。
2)米爾頓（Milton），英國消毒品牌。

預防疾病這樣做！

諾羅病毒流行時期，每日以百分之〇・〇二的漂白劑擦拭與消毒廁所的門把、馬桶蓋、水龍頭等就能安心。

POINT

除去家中黴菌以降低罹患「肺炎」的風險

肺炎是日本人死亡原因的第三名

所謂的肺炎，如字面之意，是肺部發炎的狀態。免疫力低下的人、高齡人士等容易發生，會出現發熱、惡寒、咳嗽、有痰、胸痛等症狀。肺炎很多時候是因感冒而起，「以為是感冒，沒想到卻發展成肺炎」，這類症狀惡化的例子非常顯著。

其實在這約六年內，日本人的死亡原因繼癌症、心臟病之後，**肺炎**這個疾病持續穩居**第三名**寶座，患者數、死亡人數也都急速增加。

肺炎除了在近年增加的誤嚥性肺炎外，還加上了外部細菌、黴菌、病毒、支原體這種微生物等侵入肺部所引發的肺炎。

以使用空調為首，若還使用有空氣清淨機、加濕器，別說能讓身體變好，反而會引起咳嗽。這類症狀在第1章中已介紹過，有可能是黴菌所造成的**「夏季過敏性肺炎」**。

這個疾病以發病情況大增的時期命名為「夏季」，可以說其中百分之七十是在夏天空調、空氣清淨機中繁殖的「毛芽胞菌屬」這種黴菌所導致。一旦惡化，就會成為呼吸困難、低氧血症等攸關性命的嚴重疾病，但只要一阻斷與毛芽胞菌屬的接觸，症狀就會立刻痊癒。

要預防夏季過敏性肺炎，尤其要勤快清洗，並**確實晾乾**空調濾網與加濕器的水槽後再組裝回去。

這個毛芽胞菌屬不只生存在空調、空氣清淨機中，也生存在家中各處，是非常常見的一種黴菌。也就是說，能抑制家中黴菌繁殖的打掃對預防肺炎來說非常重要。

家中容易發生黴菌的地方誠如前文多次強調的，可以舉出的有：●用水處●會結霜的窗邊　●床四周　●緊貼牆邊、毫無隙縫的家具內側　●通風不良的場所　●日照不佳的地方

若產生黴菌，首先要以水淋濕該處，再用紙巾浸透百分之〇・〇二的廚房

用漂白劑後，貼附在黴菌上，放置三至五分鐘。之後，若是能用水洗的地方就用水洗，不能用水洗的地方就用濕布擦拭即可。

要預防黴菌，在結束日常打掃後，要勤快開窗換氣、打開換氣扇，以讓家中通風良好為首要。在通風不良的收納空間中，可以活用除濕劑。並在使用完用水處後，請養成習慣，勤擦拭水滴。

預防疾病這樣做！

要減少空氣中的黴菌，降低肺炎感染風險，就要清掃空調和空氣清淨機，對於已發生的黴菌，則用廚房用漂白劑殺菌。

POINT

做好嬰兒期的環境清潔可預防日後的「過敏進行曲」

異位性皮膚炎是過敏進行曲的出發點

異位性皮膚炎本就是有過敏體質的人，因為從皮膚等接觸到導致過敏的物質（過敏原），引起過敏反應而發病。尤其嬰兒的皮膚很薄很敏感，所以乾燥的肌膚細胞間隙會變成很多空隙的狀態（肌膚的屏障機能低下），這麼一來，過敏原就容易入侵。

而且一旦罹患異位性皮膚炎，就會以此為發端，有可能隨著年齡增長，而陸續出現支氣管哮喘、包含花粉症在內的過敏性鼻炎、過敏性結膜炎等各種各樣過敏症狀。這就被稱為**「過敏進行曲」**。

異位性皮膚炎若發病，就是一種必須耐心治療的疾病，因此首先重要的是，要盡可能預防不讓其發作。

預防方法不僅要能提高皮膚屏蔽機能、預防過敏原入侵，以保濕為首的每日保養，減少房間過敏原數的**打掃**也很重要。

減少塵蟎就能降低異位性皮膚炎發作的風險

造成異位性皮膚炎原因的過敏原，**塵蟎**是最大的問題。其他還需要注意的有皮屑和灰塵。

首先，為了不讓塵蟎增加，重要的是不要在房間中殘留有做為其餌食的食物殘渣、人類或動物的皮屑、汗垢、黴菌等。這些塵蟎的餌食多含在灰塵中。

家中塵蟎容易繁殖的地方可以舉出的有：

●墊子、坐墊　●布偶　●地毯　●榻榻米　●棉被　●沙發　●書　●衣櫥、壁櫥

具體來說，可以使用下述方法打掃。

首先，清洗床套、墊子套、布偶等能清洗的東西並保持清潔。

接著是打掃地板。塵蟎容易繁殖的地毯，用電動滾刷模式的吸塵器，一公

尺**花五至六秒**，不要過於用力，需緩緩移動打掃。此時，請盡可能將吸塵器的排氣朝向同一方向，將塵蟎的擴散抑制到最小限度。

塵蟎容易鑽入縫隙的榻榻米，用超細纖維布**沿榻榻米邊緣乾擦**，接著再將用酒精浸透的超細纖維布做收尾的擦拭。

而容易成為塵蟎溫床的棉被則請勤快地拿去**曬太陽**。曬乾後，潛藏在棉被中的塵蟎或塵蟎屍體會跑出來，所以重點在收起棉被前，要再多一道手續。將也能在屋外使用的手持吸塵器設定在電動滾刷模式。重點要在屋外使用，因為若在室內，就要將灰塵的擴散抑制到最小限度。

沙發若是布製的，就用熨斗的蒸氣噴在其上殺死塵蟎，之後用徹底擰乾的超纖維布，盡可能動作輕緩，如按壓印章般擦拭，確實讓它乾燥。若是皮革製沙發，用超細纖維布擦可能會造成損傷，所以請用柔軟的毛巾擦拭。

家中若要預防塵蟎繁殖，希望大家也要注意濕度。據說塵蟎在濕度百分之六十以上就會繁殖。因此，**夏天**要留意**除濕**，**冬天**則**請注意不要過度加濕**。

塵蟎很喜歡會布滿灰塵的不乾淨的書、沙發或椅子坐處的布料、衣櫥中，會在這些地方繁殖。物品上會累積髒汙，若東西太多，就要丟棄不要的東西，防治塵蟎重要的是，不要讓灰塵、黴菌增加。

雖可以說任何過敏都能預防，但以打掃來做的因應對策，是需要耐心久做的作業。若過於神經質，將會造成壓力，「能持續下去」才會帶來最大的效果。因此可以抱持著「盡力在能做到的範圍內去做」，以這樣的心情持續下去就可以了。

預防疾病這樣做！

預防異位性皮膚炎就從減少房間塵蟎開始。將棉被曬完太陽後，於屋外用吸塵器吸，將濕度長期保持在百分之六十以下。

POINT

除去塵蟎、灰塵、黴菌等過敏原以預防「氣喘發作」

氣喘發作致死的病例

氣喘（支氣管哮喘）是氣管出現慢性發炎，空氣通道變狹窄的一種疾病。一旦出現氣喘，只要空氣中物質稍有一點刺激，就會感到敏感，甚而氣管會出現發炎，導致呼吸困難或發作劇烈的咳嗽。現在氣喘的患者有增加的傾向，據說日本全國的病患數約有八百萬人。

其實雖說是**「氣喘死」**，但其實也有人是因氣喘發作而導致呼吸困難死亡。二〇一六年，厚生勞動省發表了「過敏疾病的現狀等」報告，依據該報告，雖然近年來有逐漸減少的現象，但在二〇一五年一年中，仍有一千五百五十人因氣喘發作而殞命。

引起氣喘發作的刺激物質，可分為兩類：導致過敏的**「過敏原因子」**與**「刺激氣管因子」**。

前者的代表物可以列舉出有：●灰塵　●塵蟎和其屍體　●動物的毛或皮屑　●花粉　●黴菌

而後者刺激氣管因子則有感冒病毒與香菸的煙等。

此外，**秋天**是氣喘容易惡化的季節。

氣喘雖也會受到颱風等氣壓變化的不好影響，但最大原因是在秋天中急劇增加的**塵蟎屍體**。塵蟎在夏天繁殖，只要氣溫低到十五度、濕度百分之五十，就會全部死亡，那些屍體會變成細微的粉末，和灰塵一起飛散在空氣中。吸入了這個過敏原，就會增加氣喘的發作。

就像這樣，據說導致發作的過敏原約有九成都是**家中的塵蟎與灰塵**。也就是說，要預防氣喘發作，就必須要以正確的打掃法，除去家中的過敏原因子。

知道發作原因是預防的第一步

打掃灰塵與塵蟎的方法基本就和此前介紹的作法相同。

地板用乾的平板拖把輕輕掃去灰塵、晾曬棉被、打掃後開窗換氣等，這些對於除去過敏原都很重要。

地毯容易成為塵蟎、灰塵、黴菌孳生的溫床，所以希望大家盡可能撤去，但若難以做到，也要使用比較不會揚起灰塵、排氣孔位置較高的吸塵器，使用刷頭，慢慢推動吸塵器。

但是若氣喘已經發作，還是應該要避免在房間中鋪設容易累積灰塵的地毯，以及不要在塵蟎容易繁殖的榻榻米上鋪棉被就寢。

兒童發作氣喘時，若接受正確的治療，據說約有百分之六十的人在長大成人前都不會再發作氣喘。請配合藥物治療，並同時打掃整備居住環境，以不會引起氣喘發作的生活為目標吧！

氣喘會因黴菌而惡化

氣喘的人要注意的過敏原不是只有灰塵和塵蟎。

還有一種被稱為**「麴菌」**的黴菌同伴。那是一種雖少但仍存在於地板、櫃子上灰塵中的普通微生物，對健康的人無害，但對免疫力低下的人來說，偶爾會引起發熱、咳嗽、胸痛等肺部症狀。

單限於氣喘患者，可能會因這個黴菌引起被稱之為「過敏性支氣管性肺部麴菌症」的過敏性疾病。與氣喘一樣，其特徵為咻咻嘶嘶的喘鳴聲，以及咳嗽、有痰等症狀。但是與普通氣喘相比，很多病例都是藥物難起作用，一旦重症化，就會伴隨有發熱、食慾不振、血痰、咳血、呼吸困難等。

關於灰塵與細菌的調查

二〇一四年，花王股份有限公司進行了「灰塵中細菌・黴菌的調查」，根據該調查得知，家中一公克灰塵中的細菌數，在窗簾的吊軌和櫃子上等較高處的灰塵中有七至十萬個；與此相對，在地板上約是一百萬至二百六十萬個，約十倍之多。

所謂的灰塵一公克，大約是五元硬幣那樣大小（直徑二十六・五mm）。因人員的活動，會落下許多服裝衣物的纖維到地上，成為灰塵的根本，而細菌和灰塵很容易附著在這上面。

此外，每次移動吸塵器或拖把時，灰塵也都會在空中飛散。在進行解析灰塵動向的CSC股份有限公司實驗中得知，灰塵飛散量在**離地約七十公分高**之處特別多。

所謂離地**七十公分**也正好是**蹣跚學步的孩子的臉部高度**。比這年齡更大的孩子若坐在地板上玩耍或躺在上頭，應該大多都會穿過有很多灰塵的空間層。

此外，小嬰兒會用手摸過爬經之處，並且舔舐自己的手，所以有不少例子是會抓住灰塵而吃下肚的。

說起灰塵量很多，也就是說，存於其中的黴菌等細菌與病毒數量也會有那麼多。如果該灰塵中有塵蟎或麴菌，孩子將會從口鼻大量吸入含有那些的灰塵。不只是年幼的孩子，免疫力低下的人、氣喘病患者都有可能會染病，要特別留意。

話雖這麼說，但老實說，不論如何地仔細清掃，都不可能將家中的塵蟎、灰塵、黴菌完全消滅至零。然而，藉由確實打掃可以消除這些過敏原因子的絕對數量，就有可能減少感染的風險。

灰塵特別多的場所，就可藉由精確掌握重點式的打掃方式，來抑制氣喘的發作、惡化。

預防疾病這樣做！

氣喘發作的原因是灰塵、塵蟎、黴菌，要除去這些過敏原，就用乾的平板拖把輕輕擦拭地板、把棉被拿去曬太陽、讓室內空氣流通。

POINT

不讓春季好發的「花粉」與「PM2.5」揚起並去除之

「花粉症」發作機制

花粉症是過敏性疾病的一種，是身體的免疫系統將本來無害的花粉誤認為是「敵人」，為將之排出體外而進行攻擊所引起。因此會出現鼻水、打噴嚏、眼睛癢、咳嗽、頭痛、精神恍惚等症狀。最近，罹患花粉症的年齡有低齡化現象，據說發展快一點的孩子約經歷過三次花粉的季節，也就是約從三歲起就有可能發病。

可以說是花粉代表的就是從每年二月左右到黃金週時飛散的杉樹花粉。日本扁柏要稍微晚一點，從三月開始到梅雨季前會飛散。

最大的對策就是戴口罩或眼鏡，極力阻斷與花粉的接觸。還有在家中，①**不要攜入**；②**不要擴散**；③**除去花粉**。也就是說，花粉症也可以靠打掃居家環境，將症狀抑制到最小程度。

那麼具體該怎麼做呢？

首先在花粉季時要**避免開窗換氣，並活用空氣清淨機**。減少在外晾棉被與衣物也是一項聰明之舉。

家中容易堆積花粉的地方，可以列舉出有：

●玄關　●衣櫥周遭　●脫衣服的地方

花粉容易落在穿脫外出服飾等處。

花粉的季節，請用乾的平板拖把打掃玄關地板。若用掃帚，容易使灰塵飛揚得過於激烈，在抑制花粉擴散上反而會收到反效果。衣櫥周遭與脫衣處也是用**乾的平板拖把**，輕輕打掃地板。

花粉和ＰＭ２．５合體後的恐怖

此外，最近一到春天，與花粉一同成為話題的還有從中國大陸乘著偏西風而來的ＰＭ２．５。

所謂的ＰＭ２．５本來是指粒子直徑二．五微米以下的微粒子總稱，並非所有的ＰＭ２・５都是有害物質。但是其中，汙染大氣的代表性微粒子——柴油車細懸浮微粒，在引發癌症及支氣管哮喘上有相關疑慮。

而且問題不在ＰＭ２・５。在花粉這種比較大的粒子表面，若附著有許多ＰＭ２・５，ＰＭ２・５會吸收空氣中水分並膨脹破裂，所以**有可能會和花粉一起變細碎飛散**。而變得更小、更輕的花粉與Ｐ２・５會長時間漂浮在空氣中，使花粉症提早發作，或是ＰＭ２・５會變成更小的ＰＭ１・０，令人擔心有害物質會直達肺部深處。

ＰＭ２・５飄散在空中並進入家裡時，會和灰塵一起附著在地板上，還會附著在家中各處。尤其若附著在床鋪的床頭板與邊框、寢室的窗簾軌與門的上方等，就容易直接危害到健康，所以打掃時必須細心留意，不要讓ＰＭ２・５再次擴散空中。

首先，地板用乾的平板拖把輕輕擦拭，床鋪周邊**用超細纖維布乾擦**。

此外，要打掃在窗簾軌與門上方含ＰＭ２・５的灰塵時，將打掃窗戶用的

刮水器**「刮刀」的橡膠部分，以間隔五公厘剪開**，就成了一個方便的**道具**。

將用水沾濕的抹布或毛巾，輕擦在橡膠部分沾濕它，之後在窗簾軌以及門的上方朝同一方向緩慢移動。只要這樣，就能極力抑制微粒子揚起，並且能擦去大量的灰塵塊。

預防疾病這樣做！

花粉較多的玄關、衣櫥周遭、脫衣處，用平板拖把乾擦。要對付PM2.5，剪開的刮刀很方便。

COLUMN 2

切忌對傳染病防治對策輕忽大意！

汙染物質會穿透面紙

觸摸到髒汙時，所有人都會做一個動作：用面紙擦掉，一把丟入垃圾桶。但是那個面紙，真的能保護手指免受汙染嗎？

很多面紙的構造都是在垂直傾斜面織入纖維，但用顯微鏡仔細觀察會發現，可以看到許多粒子直徑一百微米左右的空隙（洞）。其實這個洞比花粉、細菌、病毒還大，所以感染者用面紙擤鼻涕時，汙染物質會通過那個洞，使得手可能附著上細菌或病毒。當然，藉由重疊好幾張面紙可以減少這層風險，但也不能斷言説就完全不會通過。

像這樣附著在手上的細菌或病毒，若在無意識中轉移到扶手或門把，會傳給接觸這些東西的其他人手上，就會從手擴散到口。這麼一來，接觸感染就會不斷擴大。

當然，廁所衛生紙也一樣。尤其是在廁所中感染較多的諾羅病毒粒子，其粒子直徑約〇・〇三微米，非常小，通過廁所衛生紙纖維孔洞的可能性更高。

若是在處理汙物的時候，用面紙或廁所衛生紙包裹，就算沒有直接用手接觸到汙物，也絕對不可以大意。處理後，請務必要仔細洗手。

第3章

不同場所別·不生病的打掃術

本章中，將以我長年打掃醫院所得出的方法為基礎，具體介紹實際上對每日生活有所助益的、不同場所的「預防感染打掃術」，選擇清潔劑與打掃用具的方法以及使用法。透過學習有效消滅細菌與病毒的訣竅，以省時省力的打掃、預防疾病為目標。

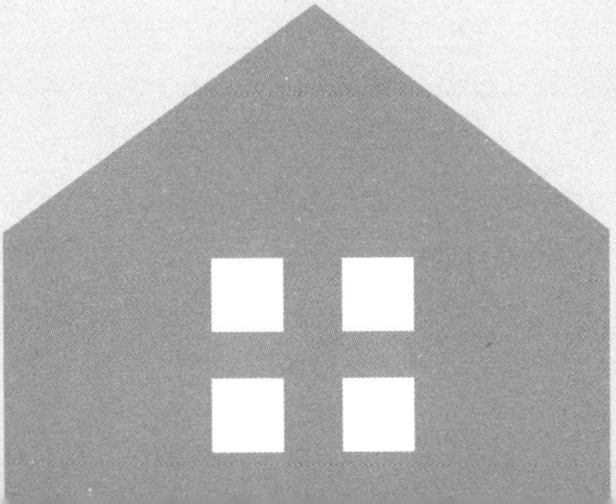

廁所的預防感染打掃術

潛藏的病原體

大腸桿菌、葡萄球菌、諾羅病毒、輪狀病毒

會引起的疾病、症狀

病毒性腸胃炎（腹瀉、腹痛、噁心、嘔吐、發熱等）

感染風險

★★★

本章中將根據**家中不同區域**，具體介紹「不生病的打掃術」。

首先，關於家中各個不同區域，我會以星星的個數來標示「感染風險」，以表示容易感染各種疾病的程度（頁面右下方）。感染風險最高的區域是「★★★」，第二高的區域是「★★」，風險最低的區域標上「★」。

此外，在一開始，我會先列舉出有可能存在的病原體，以及該病原體所引起的代表性疾病。

首先，是之前介紹過家中感染風險最高的地方——廁所。

在廁所，容易感染大腸桿菌、葡萄球菌、諾羅病毒以及輪狀病毒等。手經常會觸摸到馬桶蓋、沖水把、內側的門把等，雜菌容易附著在這些地方，因此感染風險特別高。

尤其使用完洗廁所刷後，會再刷馬桶裡積留被汙染的水，因此希望大家盡可能丟棄不用。在此，我想介紹不使用刷子的廁所打掃法。

①除去牆壁與地板的灰塵

打掃廁所時，首先要穿戴塑膠手套，依牆壁、地板的順序，用剪開的刮刀（參照第112頁），從除去灰塵的作業開始。先從便器內部開始打掃是NG的，因為水會飛濺而出，弄濕地板與牆壁的灰塵，變得難以清除。

地板是以**由裡朝自己的方向**打掃。牆壁邊緣、便器邊緣、還有地板上放置垃圾處，其周邊因容易沾染灰塵，所以要做重點式打掃。

②擦拭馬桶本體的髒汙

接著使用能丟入馬桶沖掉的濕擦布，**從上朝下**擦拭便器本體，擦掉尿漬等髒汙。若從下往上擦，擦拭上方時，含有細菌與病毒的灰塵就會往下掉，有可能再度造成汙染，所以ＮＧ。以水槽周邊↓馬桶蓋↓馬桶座↓馬桶內部的順序來擦拭吧。

消毒沾染髒汙的馬桶本體時，皮脂會和消毒水起反應，讓消毒無效。因此，最重要的是要先擦去髒汙。

髒汙很嚴重時，請用布沾點酸性洗潔劑努力擦拭。此時的目的是要擦去髒汙，所以可以用力**來回擦拭**。

馬桶內部最初要淋上酸性洗潔劑，用疊起的廁所衛生紙，如將之包裹起來般均勻地覆蓋其上，放個三分鐘後，最後用可沖布巾擦去並以水沖走。若立刻沖走，洗潔劑與髒汙的接觸時間會不夠，就沒有效果。

馬桶內部難以清除的髒汙，建議可用五金行或百元商店賣的耐水砂紙清除。耐水砂紙是用了就算濕掉也不會破的防水紙做成的，粒度2000號的很適合用來擦洗馬桶。可以將之剪小片，用完就丟，所以很衛生。

順帶一提，沖水時，為了防止水滴飛濺，一定要蓋上馬桶蓋再沖。

在此，若曾一度脫下塑膠手套或徒手打掃，請一定要洗手。將使用後的塑膠手套洗過並放在通風良好處晾乾。

③消毒擦拭

最後不要用之前的手套，用新的或是穿戴免洗的塑膠手套，以除菌用的濕布巾擦馬桶、衛生紙捲筒、沖水閥、門把，然後**消毒擦拭**用來除去灰塵的刮水器。這麼做不是為了除去髒汙，而是以除菌為目的來做最後的收尾。因此重要的是，**進行的方向始終都要用布的同一面來擦**。

不需要每天把每個地方都消毒過一遍，只要將感染到諾羅病毒的家人所待之處，以及每次使用完廁所時的馬桶蓋、衛生紙捲筒、門把、沖水閥等處，手頻繁會摸到的地方進行消毒擦拭即可。

用氯系漂白水消毒時，要放置一段時間，不要立刻擦掉，要讓它**最少**保持

一分鐘左右的淋濕狀態。此外，若有感染者時，請避免使用難以消毒的馬桶蓋。

還有，一般說來，將防水塗層塗在馬桶上後，據說就難以沾染上汙垢。那是因為沾在防水劑表面的水和汙垢，會在馬桶表面形成水珠然後被彈飛。但其實這其中存有陷阱。

若放著這個圓水珠不管，任其乾燥，水珠處會形成白色斑點，成為水垢。

在此建議使用**「親水性的塗層」**。只要將這個親水劑塗在馬桶上，緊摟住汙垢的水就會緊貼在馬桶表面，之後會逐漸變小，最後就會消失，不會留下如防水劑那樣的白點。五金行與汽車用品店都有販售，有機會請試試看。

最後我將各地方容易疏忽部分的打掃方法彙整在一覽表中。請使用適當的清潔劑，並養成習慣，不要積聚會成為疾病溫床的髒汙吧。

打掃廁所一覽表

		水箱蓋	馬桶與水箱的交界	免治馬桶噴嘴	馬桶蓋內側
髒汙處			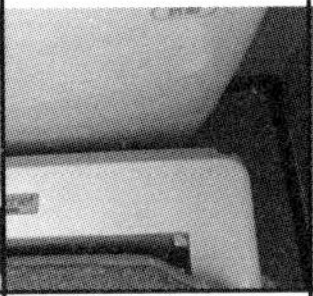	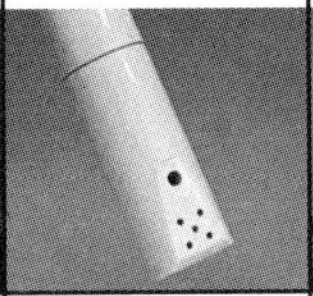	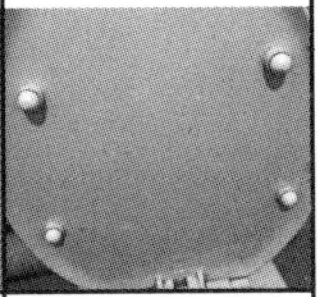
髒汙顏色		灰色	灰色	黑色	灰色
髒汙種類		水垢	灰塵	水垢	灰塵
材質		陶器	陶器	塑膠	樹脂
清潔劑與海綿等		加入螯合劑的中性浴室清潔劑+陶器用鑽石布	中性洗劑+海綿	泡沫除黴劑+參有鑽石布的尼龍不織布布巾	中性洗劑+海綿
順序	①	用水淋濕水箱蓋	用水淋濕交界處	用水淋濕噴嘴	用水淋濕馬桶蓋
	②	塗上洗劑	塗上洗劑	噴上泡沫噴霧	塗上洗劑
	③	用鑽石布擦洗	用海綿擦洗	用布擦洗	用海綿擦洗
	④	水洗	用水擦	水洗	用水擦
塗抹時間		適時	適時	3～5分	適時
打掃適合溫度		20℃以上（常溫）	20℃以上（常溫）	20℃以上（常溫）	20℃以上（常溫）
注意點				消除黴菌是和除菌效果一起進行，所以要等3～5分才用水洗	

廚房的預防感染打掃術

感染風險
★★★

潛藏的病原體
綠膿桿菌、大腸桿菌、黃色葡萄球菌

會引起的疾病、症狀
病毒性腸胃炎（腹瀉、腹痛、噁心、嘔吐、發熱等）

廚房是繼廁所之後家中感染疾病風險很高之處。沒有保持清潔的廚房，可能會有綠膿桿菌、大腸桿菌、黃色葡萄球菌等病原體繁殖。

如果用手摸到了這類細菌的繁殖處，再接觸到食物、食器、調理器具等，恐會引起食物中毒。所以在使用完廚房後要把水擦乾，用漂白水消毒砧板、抹布以及排水管等，請努力進行預防食物中毒的對策吧。

尤其是**洗食器用的海綿**容易繁殖細菌，是感染腸胃炎等高風險的重點。要預防疾病，首先重要的是不要放著它濕濕的不管。一天終了，用熱水淋遍海綿全體後，請用力擰乾，放在通風好的地方晾乾。若從衛生面來考量，建議可以使用**抗菌性高的海綿、混有銅微粒子的海綿**，以及**容易乾燥的網狀洗碗布**。

此外，不鏽鋼水槽會因為水垢或自來水的鈣成分凝固而「粉化」變白。在日常打掃中，將**百分之十的檸檬酸水**（水三百毫升兌二大匙的檸檬酸）裝入噴霧器中，噴在水槽上，**放一～三分鐘**，之後請用普通海綿軟的那一面擦拭。若這樣還是無法消去水垢的髒汙時，請噴上百分之十～百分之三十的**檸檬酸**，然後在上面貼保鮮膜，放約十～十五分，再用同樣的順序加以清洗。

之後不要忘了用中性或弱鹼性的食器用洗潔劑清洗、中和。雖說檸檬酸是弱酸性，但還是「酸」，水槽有可能會因而變色。

沾到瓦斯爐架和換氣扇上的**油汙**也是，若放著不管，就會造成蟑螂繁殖。想清乾淨油汙時，可使用較大的塑膠袋，套兩層，在其中放入想洗的東西，用**約八十度的熱水**，並**加入有溶劑（酒精等會溶化油的揮發性成分）的鹼性清潔**

劑，將塑膠袋綁起來，然後浸入裝滿熱水的浴缸中**約三十分鐘**。有趣的是，這樣做就算不用力，也可以簡單地清除油汙。

若沒有參有溶劑的鹼性清潔劑，**就在裝滿八十度的熱水中放入小蘇打（熱水一公升比三～四大匙）**，將瓦斯爐架放入其中**五～十分**，最後用水洗。

一開始，若用棕刷稍微在髒汙上刷出點傷痕再浸泡，清潔劑會更容易浸透髒汙而更能有效除汙。此外，氣溫高時，油汙也會特別柔軟好清，所以建議可在**夏天**進行廚房大掃除。

最後，要介紹一個可以輕鬆保養廚房換氣扇的絕招。

那個方法就是，將換氣扇清乾淨後，**塗遍固態肥皂**。那樣會形成一個肥皂的膜，油汙會附著在上面，只要潑上水，就能迅速又簡單清除。

不過，碗櫥櫃和微波爐不適用這個方法。在濕氣較多的地方，肥皂會溶化，反而難以去除髒汙，所以要多加注意。

廚房打掃一覽表

		廚房的邊邊	熱水壺	瓦斯爐架	瓦斯爐開關周邊	微波爐外圍	壁紙、開關
髒汙處		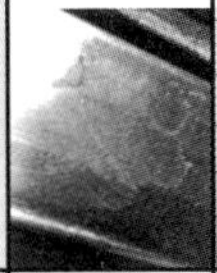					
髒汙顏色		白色	黑色	黑色	咖啡色	咖啡色	咖啡色
髒汙種類		粉化、氯	燒焦	燒焦	油	油	油
材質		不鏽鋼	不鏽鋼、鋁	不鏽鋼、鋁	塑膠	塑膠	紙、塑膠
洗潔劑等		檸檬酸水＋廚房用中性清潔劑	小蘇打	小蘇打	鹼性清潔劑＋牙膏	鹼性清潔劑	橡皮擦
順序	①	用水噴濕，噴上檸檬酸噴霧	將小蘇打加入水中煮沸	將小蘇打加入水中煮沸	用水淋濕開關周遭	用水淋濕清掃面	擦去灰塵
	②	中性清潔劑滴一點下來後再用保鮮膜包裹	將要清潔物放入①中	將要清潔物放入①中	將要清潔物塗滿鹼性清潔劑	將紙巾浸入清潔劑中後濕敷	以橡皮擦擦
	③	放 10～15 分鐘	放 5～10 分鐘	放 5～10 分鐘	用抹了牙膏的布擦拭	放 3 分鐘後擦拭	
	④	水洗	水洗	水洗	濕擦	濕擦	
塗抹時間		放 10～15 分鐘	放 5～10 分鐘	放 5～10 分鐘	放 3 分鐘	放 3 分鐘	
打掃適溫		30℃以上（常溫）	80℃	80℃	20℃以上（常溫）	20℃以上（常溫）	
注意點		檸檬酸是酸性，若放得時間久了，會損傷不鏽鋼，要注意			油汙附著情況非常嚴重時，要將清潔劑溫度加熱到 30℃以上	油汙附著情況非常嚴重時，要將清潔劑溫度加熱到 30℃以上	

浴室的預防感染打掃術

感染風險
★★

潛藏的病原體
MAC菌、黴菌、綠膿桿菌、大腸桿菌、黃色葡萄球菌

會引起的疾病、症狀
肺MAC症（咳嗽、有痰、血痰等），支氣管哮喘（咳嗽、哮喘、呼吸困難等），病毒性腸胃炎（腹瀉、腹痛、噁心、嘔吐、發熱等）

浴室中感染疾病風險很高的就是浴缸蓋內側、排水口、浴缸內的供水口等，這些列舉出的地方尤其容易繁殖黴菌以及雜菌。若就這麼放著淋濕不管，黴菌和雜菌會不斷增殖，因此**要勤換氣**，並在使用完浴室後要**擦乾水滴**等掃除習慣非常重要。

孩子的玩具也可能會被綠膿桿菌汙染。實際上曾發生過一件事例，就是因

為在浴室玩的玩具而導致發生集體感染，因此在玩具的清潔收納上須留意。使用完後要**徹底洗淨晾乾**。還有像是毛巾或是擦腳的墊子等可以洗滌的東西，要經**常洗滌並徹底晾乾**。

此外，誠如在第1章所談到的，打掃浴室時一定要開窗，請邊換氣邊打掃。因為打掃浴室時多半會使用到漂白水，同時也可以防止肺MAC菌的感染。此時只要**把窗戶兩側打開十公分**，增加風勢，風就可以循環吹過整個浴室。

同時，打掃浴室時，為了對付黴菌，基本上請使用**冷水**。就像我之前提醒許多次的，若備齊了適當的溫度、濕度、水分以及營養，黴菌就會不斷繁殖。若用溫暖的熱水打掃，浴室的溫度會上升，反而會使黴菌增生。

接下來我將介紹讓大家陷入苦戰的浴室門把、窗框凹槽等去除頑固黑黴菌的方法。雖然一般是使用液體的除霉劑，但液體很快會流掉，定著在黴菌上的時間只有一點點，因此得費點力才能清乾淨。

在此，泡沫狀的除霉劑就得派上用場了。與液體相較，泡沫型比較能長時間作用在黴菌上。但是，我還有更推薦的除霉劑。

那就是**裝在管子裡的果凍狀除霉劑**。因為黏稠難以乾燥，藉由放個幾小時，就能對黴菌起到長效作用。若想輕鬆除霉，我非常推薦這個品項，五金行等賣場都可以買到。

在浴室中，其他還有很多難以除落的汙垢。請參考左頁圖表，徹底洗淨潛藏有病原體的髒汙吧。

浴室打掃一覽表

		天花板黴菌	牆壁隙縫	蓮蓬頭	浴缸蓋
髒汙處			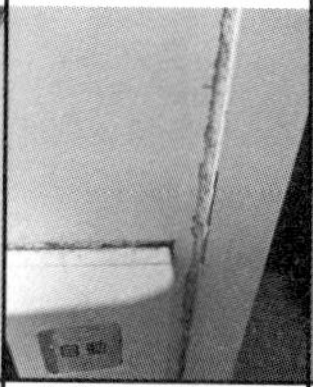		
髒汙顏色		黑色	黑色	黑色	咖啡色
髒汙種類		黴菌	黴菌	黴菌	與浴缸蓋子摩擦導致的樹脂髒汙
材質		**FRP**	矽利康	塑膠	**FRP**
洗潔劑等		廚房用漂白水	廚房用漂白水	廚房用漂白水	摻有螯合劑的中性清潔劑，**FRP** 用鑽石布海綿
順序	①	用水淋濕天花板	用水淋濕牆壁	用水淋濕蓮蓬頭	用水淋濕蓋子
	②	浸濕紙巾濕敷	浸濕紙巾濕敷	浸濕紙巾濕敷	用海綿塗上中性洗劑
	③	放 **3 ～ 5** 分鐘	放 **3 ～ 5** 分鐘	放 **3 ～ 5** 分鐘	用鑽石布海綿擦
	④	水洗	水洗	水洗	水洗
塗抹時間		放 **3 ～ 5** 分鐘	放 **3 ～ 5** 分鐘	放 **3 ～ 5** 分鐘	適時
打掃適溫		**20**℃以上（常溫）	**20**℃以上（常溫）	**20**℃以上（常溫）	**20**℃以上（常溫）
注意點		碰到眼睛會很危險，請穿戴眼鏡或護目鏡	碰到眼睛會很危險，請穿戴眼鏡或護目鏡	碰到眼睛會很危險，請穿戴眼鏡或護目鏡	因為洗劑會變乾，所以要避免在天熱時進行

洗臉台的預防感染打掃術

潛藏的病原體

綠膿桿菌

會引起的疾病、症狀

呼吸器官疾病、尿道感染、敗血症等

感染風險

★★

在洗臉台有感染風險的，直截了當的說就是綠膿桿菌。盡可能不要將放牙刷的地方或漱口用的杯子淋濕放著不管，要**常擦乾並放在通風良好的地方**，這點非常重要。

尤其需要注意的是，洗手液要改換包裝。我想一定有很多人會直接將新的補充包洗手液繼續添加進使用完的洗手液容器內吧！這麼一來，容器中會一點一滴積存不衛生的水，導致綠膿桿菌繁殖。若用這樣的洗手液洗手，別說能洗乾淨手了，反而會導致生病。請一定要**將容器內部洗乾淨，確實乾燥後再裝填**。

同樣的，固態肥皂也是，若肥皂盒一直都是濕潤黏滑狀態，綠膿桿菌當然會繁殖。**請盡可能讓肥皂盒保持乾燥吧！**

擦手毛巾也很容易繁殖雜菌，所以在變臭之前，請注意要經常更換和洗滌。

洗臉盆中會產生許多水垢，排水口的黑色髒汙就是其代表。打掃洗臉盆時，可用水淋濕，然後塗上**摻有螯合劑的中性清潔劑**，用牙刷刷。難以刷去汙垢的時候，可以加入**少量牙膏**作為磨料。

此外，在洗臉盆上有個被稱為「溢水孔」的孔洞。這個部分是用來防止水溢出的，但這也是黴菌意外容易繁殖的部分。打掃的方法是，首先用水淋濕，再噴上**泡沫型除霉劑，靜置個三～五分鐘**。之後再用普通的海綿刷洗，最後用水沖淨。

為了讓洗臉盆中排水順暢，防止細菌繁殖，和廁所的馬桶一樣，可以重新**塗布親水性的塗層劑**。也推薦可以使用在水龍頭和鏡子上。

話說回來，各位在洗臉台的周遭是不是堆滿了物品？

若凌亂地擺放了許多物品，就會積累灰塵，灰塵與溼氣相結合時會變得很黏而難以落下，成為黴菌等增加的原因。為了預防，盡量不要在用水處放置物品，要好好收納整齊，為了方便打掃，請注意保持空間寬廣。

今後，使用洗臉台周圍和打掃時，請掌握以上所提出的重點，並注意以綠膿桿菌為首的雜菌繁殖因應對策。

洗臉台打掃一覽表

	排水口	水龍頭	洗臉盆	溢水孔
髒汙處		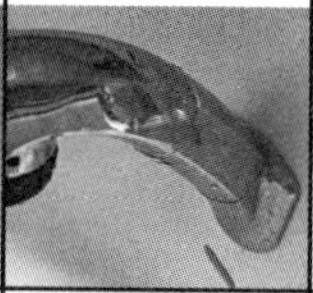		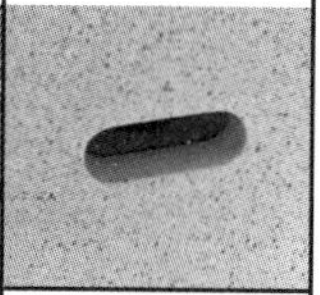
髒汙顏色	黑色	白色	黑色	黑色
髒汙種類	水垢	粉化	水垢	黴菌
材質	不鏽鋼	鍍層	陶瓷平鋪磚瓦、FRP	陶瓷平鋪磚瓦、FRP
洗潔劑、海綿等	摻有螯合劑的中性浴室清潔劑 + 加有鑽石布的尼龍不織布布巾 + 牙膏	摻有螯合劑的中性浴室清潔劑 + 加有鑽石布的尼龍不織布布巾 + 牙膏	摻有螯合劑的中性浴室清潔劑 + 加有鑽石布的尼龍不織布布巾 + 牙膏	泡狀除霉劑 + 海綿
順序 ①	用水淋濕排水栓	用水淋濕水龍頭	用水淋濕洗臉盆	用水淋濕溢水口
順序 ②	噴上清潔劑	塗抹上清潔劑	塗抹上清潔劑	噴上泡沫清潔劑
順序 ③	用牙刷刷，髒汙難以去除時，稍微加入牙膏刷	用布擦	用布擦	用海綿擦
順序 ④	水洗	水洗	水洗	水洗
塗抹時間	**適時**	**適時**	**適時**	**放 3 ～ 5 分鐘**
打掃適溫	20℃以上（常溫）	20℃以上（常溫）	20℃以上（常溫）	20℃以上（常溫）
注意點		有可能會損傷鍍層，力道要適中		除霉是與殺菌效果一起進行的，所以要等一下再用水洗

客廳與寢室的預防感染打掃術

感染風險
★

潛藏的病原體

塵蟎、塵蟎屍體．糞便、麴菌

會引起的疾病、症狀

支氣管哮喘（咳嗽、哮喘、呼吸困難等），過敏性支氣管性肺部麴菌症（咳嗽、哮喘、咳痰等）

客廳與寢室中也有染病風險很高的地方，例如可以舉出的有：容易產生塵蟎的椅子與地毯、容易積累灰塵的寢具與床鋪下方、因有濕氣而容易讓黴菌與雜菌繁殖的榻榻米和地毯、加濕器等。傳染病流行時期，牆壁上的電燈開關與家電遙控器等小東西也很危險。

首先就從客廳看起吧！

①客廳

打掃地毯是非常困難的一個問題。地毯中容易積累有濕氣、灰塵、黴菌和塵蟎，而且更厲害的是，地暖與地毯的組合會讓它們更容易繁殖。雖然想要打掃乾淨，但一般吸塵器是按壓著吸頭移動，所以只能吸取表面的垃圾。用黏性膠帶來除去垃圾的可撕式黏塵紙也一樣。

雖建議盡可能替換成木質地板，但若難以做到，有一個方式是用排氣口位置較高的吸塵器電動滾輪模式，讓地毯起毛，吸出裡面的垃圾。請用五～六秒刷一公尺的速度，慢慢移動吸塵器。

清除布沙發上的塵蟎時，可用熨斗的蒸氣噴在上面，殺死塵蟎之後，以用力擰過的超細纖維布，靜靜如按壓印章般擦拭。

同樣是塵蟎容易繁殖的榻榻米，則用**超細纖維布**沿著榻榻米接縫處乾擦，之後用浸透了酒精的超細纖維布做最後的擦拭。

容易積累灰塵的窗簾軌以及門上，可使用之前已經介紹過的，**將橡膠部分**

剪開五公厘間隔的刮水器。用水淋濕橡膠部分，然後用布擦，使其留有若干溼氣後往同一方向快速移動，這樣就能輕鬆清除灰塵，請務必試試看。

電視或錄影機背後等有很多電線匯集的地方也有很多灰塵，請養成習慣，一注意到時就去清除灰塵吧。放置在空調下方的電器用品會受到空調氣流的影響，使灰塵更容易聚集，所以避開此處是比較明智的。

容易累積濕氣的加濕器，或是附有加濕器的空氣清淨機水槽，也容易成為黴菌的溫床，所以要定期維護。用清潔劑清洗後，再噴上酒精，使之徹底乾燥。

基於同樣原因，空調的濾網也請定期打掃。

②寢室

就像在第2章告訴過各位的，寢室中像是寢具或衣物等會產生許多棉絮，所以灰塵的絕對量比其他房間還要多。和室棉被拿上拿下時也會揚起大量灰塵。在榻榻米上鋪上棉被睡覺，會直接受到灰塵的影響，所以睡在位置比地板高的床上會比睡棉被上衛生。

雖說如此，但就算是床鋪也不能說一定能令人放心。

在近代護理師之母佛蘿倫絲·南丁格爾（Florence Nightingale）所寫的《護理筆記》（*Notes on Nursing*）中，提到了怠於打掃的不衛生床鋪周圍，是如何對健康產生了不良的影響。

尤其是床鋪底下，容易積累含有大量細菌和病毒的灰塵，是要注意的重點。根據打掃順序，若移動了聚集在床下的有害灰塵，就有使之飄散在寢室中的危險。

此處的重點在於平板拖把的移動方式。

一般我們都會比較留意與地板接觸的平板拖把的布面，但出乎意料之外的是，卻沒有防備到拖把的上方。每次移動拖把時，其實在拖把頭上面都會積累灰塵。

我們經常會做的行為是，用拖把在床鋪底下吧嗒吧嗒地上下移動。這麼一來，就會讓在床上面的灰塵，或是好不容易聚集一起的灰塵再次揚起。

打掃床鋪底下時，不要讓平板拖把離開地面，**要緊貼著地面，靜靜、緩慢地如滑翔般在地板上移動**。要使用乾布，而非濕布。

而容易成為塵蟎溫床的棉被，請勤快拿去曬太陽。此外，收棉被進屋前，要在屋外使用手持吸塵器或棉被專用吸塵器，利用設定強效刷頭模式的吸塵器，就能吸出潛藏在棉被中的塵蟎或塵蟎屍體。

若沒有可以在屋外使用的吸塵器，也可以只**用手輕柔拍去棉被表面的灰塵**。若大力敲打棉被，棉被中的塵蟎會跑出來，提高擴散風險，而且會傷害纖維、傷害棉被，所以建議不要這樣做。

床單及床套**一週要更換一次**。若無法一週進行一次更換，之前也介紹過，可以用三條浴巾蓋在被套上。用一條包住枕頭，另一條鋪放在枕頭下方，最後一條固定在被子外側一邊，然後經常做更換。

最後一點是所有房間的基本，打掃整個房間時，為了能有效除去灰塵，要**從高處打掃到低處**。而地板的打掃最好是等到灰塵都落在地上、**早上安靜的時間內進行**。打掃寢室時，絕對不可以在就寢前打掃地板。如果在就寢前打掃寢室的地板，那麼你將會睡在灰塵揚起的最糟環境中了。

客廳、寢室打掃一覽表

		紗窗	窗框	窗玻璃	
髒汙處				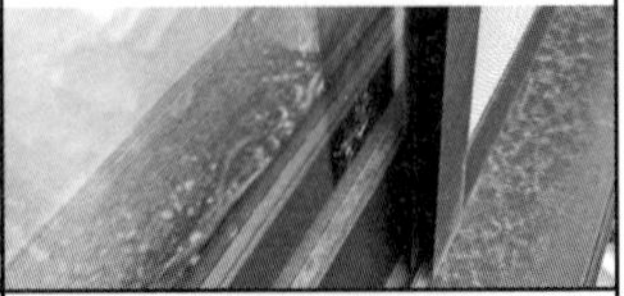	
髒汙顏色		咖啡色	咖啡色	咖啡色、黑色	
髒汙種類		灰塵、沙子	灰塵、沙子	廢氣、灰塵、粉化	
材質		聚丙烯	鋁	玻璃	
洗潔劑		中性清潔劑	中性清潔劑	弱鹼性清潔劑（酒精系）	
順序	①	用水淋濕紗窗	用窗框刷掃出沙子、礫石	用水淋濕玻璃	用水淋濕玻璃
	②	準備 2 個海綿	用水淋濕窗框	噴上清潔劑	用海綿塗上清潔劑
	③	讓海綿含著清潔劑，夾著紗窗擦拭	用加上清潔劑的牙刷等擦拭	用海綿擦	用玻璃括水器去除水漬
	④	水洗後用超細纖維布擦乾	用海綿擦	用超細纖維布擦乾	用超細纖維布擦去殘留的清潔劑
塗抹時間		適時	適時	適時	適時
打掃適溫		20℃以上（常溫）	20℃以上（常溫）	20℃以上（常溫）	20℃以上（常溫）
注意點		避免在熱天時進行，以免清潔劑乾掉	避免在熱天時進行，以免清潔劑乾掉	避免在熱天時進行，以免清潔劑乾掉	避免在熱天時進行，以免清潔劑乾掉

POINT

正確的選擇與使用，能讓住宅用清潔劑成為預防疾病好幫手

你一定要知道能有效清除髒汙的洗潔劑

到目前為止，我已經告訴過大家，在家中各處，細菌與病毒會在髒汙中繁殖，有效清除這些髒汙，是非常重要的一項防治傳染病對策。在此，我們再來複習一遍住家用清潔劑的種類，以及其各自有何特徵、對什麼髒汙有效。

若大致用液體性質來區分被統稱為「清潔劑」的東西，可以分為中性、酸性、鹼性三種，其各自能清除的髒汙也不同。

中性清潔劑對手部肌膚很溫和，但另一方面，洗淨力很弱，可用在**日常打掃**。ＰＨ６～８的清潔劑就是中性清潔劑。

酸性清潔劑適合用來清除**水垢、皂垢、廁所的泛黃**，市面上販售有ＰＨ３～５．９的弱酸性清潔劑以及未滿ＰＨ３的酸性清潔劑。酸性清潔劑比弱酸性清潔劑更好清除汙垢，建議可用來清除頑固的髒汙。

市售清潔劑有「廁所用」「浴室用」等專用型，若同是酸性清潔劑，也可以將廁所用的用來打掃浴室水垢。若將髒汙種類與清潔劑成分相配合，就可以重複利用，經濟又實惠。

不過，酸性清潔劑很強效，若長時間浸透不鏽鋼或人工大理石上，恐怕會導致變色，或是大理石會溶解，所以請避免使用在這兩種製品上。

鹼性清潔劑適合用來清除**油汙與皮脂汙垢**。PH8．1～11的弱鹼性清潔劑，可將之噴在手垢或是地板足跡上使其滲透，再用**乾的超細纖維布、拖布、抹布等，如按壓印章般擦去**就能徹底消除。另一方面，要除去廚房頑固油汙時，用PH11．1～14的鹼性清潔劑則很方便。使用鹼性清潔劑時，為防止造成手部肌膚粗糙，請戴手套。

清潔劑是以輔助界面活性劑的力量為目的，所以有些清潔劑中會含有「螯合劑（金屬封鎖劑）」或「溶劑」。

螯合劑會與妨礙界面活性劑作用的水中金屬離子起反應，有幫助界面活性劑發揮效用的作用，主要是配合清潔水處的中性清潔劑一同使用。關於用水處的汙垢，使用含有螯合劑的清潔劑比較容易清除汙垢，購買時請好好確認成分，不要只以價錢來決定。

另一方面，所謂的溶劑是指酒精或丙酮等能溶化油脂的揮發性城分。要清除廚房頑固油汙時，建議可使用摻有溶劑的鹼性清潔劑。

清潔劑發揮效果需要時間

此外，要去除黴菌，我想應該有許多人一般都是使用專門的除霉劑，但其成分也含有氯系漂白水「次氯酸鈉」，所以可以分解黴菌的細胞以去除之。因此也可使用含有相同成分的廚房用氯系漂白水等來去除黴菌。

同時，混合氯系漂白水與酸性清潔劑時會產生非常毒的氯氣，所以絕對不可以混合兩者，也絕對不可以在同一個地方同時使用兩者。

接下來要來談談清潔劑的使用方法。

例如廁所的打掃。就算用刷子用力刷噴灑在馬桶上的清潔劑，也完全無法清除掉尿垢。各位是否有過這樣的經驗？

其中原因就是從噴上清潔劑到開始刷洗的「時間」。清潔劑要分解汙垢，首先需要時間讓清潔劑能滲透進汙垢中。

那麼噴上清潔劑後需要放置多長時間呢？正確答案是，不論是什麼樣的髒汙，**最少都要三分鐘。若髒汙很嚴重，則需要三十分～一小時。**清潔劑要發揮功效，意外地很需要時間。

但是，那效果是很確實的。例如要清除廚房頑固油汙時，只要噴上鹼性清潔劑，放置一個小時左右，就能簡單、不費力地去除汙垢。將廁所馬桶塗滿酸性清潔劑，放個三分鐘後就能清洗乾淨。

噴灑上清潔劑之前，為了讓清潔劑更易滲透，可用舊牙刷先刷洗一些汙垢，若在汙垢表面造成些傷害，會更有效。

就像這樣，噴上清潔劑後，比起用力刷洗，放置一段時間再打掃，會更能輕鬆且打掃得更乾淨。最近，可以長時間停留在汙垢上、黏稠的增黏型清潔劑之所以會增加，也是因為這個原因。

汙垢會成為細菌等的營養源、繁殖的原因，藉由選擇正確清潔劑、聰明使用，將之完全清除乾淨吧。

預防疾病這樣做！

鹼性清潔劑可用在油汙和皮脂汙垢上；酸性清潔劑可用在水垢、皂垢、廁所的泛黃上；氯系漂白水則能有效除霉。

打掃時，面對不同髒汙能發揮極大效用的清潔劑列表

髒汙種類	清潔劑種類	市售清潔劑
手垢 地板足跡	弱鹼性清潔劑	LOOK 廚房油污清潔劑 家具擦拭清潔清劑 小蘇打
廚房髒汙	鹼性清潔劑	魔術靈
水垢 廁所泛黃 浴室皂垢	酸性清潔劑	SUNPOLE 廁所清潔劑 獅王馬桶清潔劑
黴菌	氯系漂白劑	新奇漂白水

依髒汙類別使用清潔劑是非常省錢的作法。使用上的注意要點是，氯系漂白水絕不可以和酸性清潔劑混合。此外，「SUNPOLE 廁所清潔劑」是強酸性，要避免每天使用或將不鏽鋼長時間浸透其中。

POINT

忙碌的人更要使用創意的百元打掃用具

不會累積髒汙的推薦創意用品

到目前為止也約略介紹過了，我最推薦的家庭打掃用具是可以使用在窗戶打掃及浴室防水板上，也就是使用**刮水器**的創意打掃用品（參照第112頁）。

重點就像在第2章中所提到的，在這個刮水器的橡膠部分，可用剪刀**以每隔五公分的間隔剪開**。只要加上這一層功夫，就能迅速變身成為能擦除房間各處所有灰塵的超有用打掃工具。

使用方法很簡單。只要利用這個剪開的刮水器，輕輕地擦過地板角落或樓梯角落的灰塵，以及書架、高處、浴室牆壁、天花板、廁所地板等，這麼一來，很驚人的，就連很細微的部分，都能擦去灰塵。這個原理是因為結成團的灰塵會被卡在剪開的部分中。如此一來，就能將灰塵的飛散抑制在最小限度，而且能乾淨俐落地清除頭髮與灰塵。

刮水器在百元商店就能買到，可以多做幾個，放在家中容易積累灰塵的地方，一注意到有灰塵累積時，就可以快速清除髒汙，非常方便。

如何選擇打掃用抹布

此外，選擇抹布或打掃用毛巾時，建議可以使用**超細纖維布**。這也可以在百元商店中買到。我想應該有很多人都會拿不用的毛巾當作抹布使用，但毛巾容易冒出大量的纖維垃圾，其實不太適合用來打掃。

若是超細纖維布，因為纖維非常細，就能確實捕捉住粒子較細的灰塵，而且只要淋上一點水，像是沾在家具或窗框的灰塵等些許的髒汙也可以不用清潔劑就清除乾淨。反過來說，因為纖維較硬，也有可能會損傷家具，在擦比尼龍及聚酯纖維還軟的東西時，請不要太過用力。

總之，便利的打掃工具都要常備在可以快速拿取之處，最好在平時就可以養成**「順手打掃」的習慣**。

預防疾病這樣做！

將在百元商店販賣的刮水器橡膠部分，以五公厘間隔剪開，就能變身最適合用來打掃房間角落與高處的打掃用具。

COLUMN 3

真的有除菌嗎？

除菌濕紙巾真的能除菌嗎？

有小孩的家庭中，濕紙巾是否是必需品？

但是拿起宣稱酒精有除菌效果的溼紙巾並檢查其酒精含量時，我總是很疑惑。

雖因製品的不同而有所差異，但每一種的酒精含量都是百分之二十～三十。然而其實酒精據說要到百分之六十～九十才有最強殺菌・消毒力（日本藥局方定義，消毒用乙醇的濃度是百分之七十六・九～八十一・四）。也就是說，我們無法期待百分之二十～三十的溼紙巾會有酒精的除菌效果。

為什麼濕紙巾的酒精含量這麼少呢？因為濕紙巾有需要一定水分含量的理由。若開封後一段時間內就變乾，濕紙巾將無法作為商品販賣。若讓其含有較多容易揮發的酒精，立刻就會變得乾巴巴的，所以才做成含有較多水分，以使其難以乾燥。因此，無可奈何之下，酒精的濃度才比較低，理由就是在這裡。

選擇除菌濕紙巾時，不要只是單純地想著「有加酒精就安心了」，還要確認酒精以外的消毒成分，譬如是否確實加有除菌效果的「氯化卞二甲烴銨」後再購買。

第4章

為了能持續「不生病的打掃」

雖說要預防疾病，但若是要每次都毫無遺漏地打掃所有地方也是非常耗時又工的。我們應該要做的，是花最小限度的勞力，發揮最大效果的打掃。為此，必須要知道自己家的髒汙情況。在最後這一章，我想教給大家一些訣竅，以能更有效、容易實踐目前所介紹過的打掃法。

POINT

家中所有地方不可能都一樣髒

用四種觸感了解不同地方的髒汙

到前一章為止，我們已經說明了潛藏在家中的各種感染風險。或許有很多人會不斷想著「一定要更徹底打掃」。

可是不需要神經質。只要將容易弄髒的地方重點打掃，就能比之前更有效率、更乾淨，還能預防疾病。

若想有效打掃，重要的是掌握住自己家什麼地方、如何容易弄髒。

我雖長年打掃醫院，但有一天卻突然冒出了以下的疑問。

「髒汙的地方大有不同，但打掃的方式卻千篇一律可以嗎？連乾淨的地方也刻意去打掃有意義嗎？那不是很浪費時間跟金錢嗎？」

從這樣的疑問中，我確認了醫院內所有地方的髒汙，想試著統整出**「髒汙地圖」**。

最初，我戴上免洗手套，試著先去摸了地板各處。結果我發現因地方不同，觸感也不同，有鬆軟（灰塵）、粗糙不光滑（沙土）、滑溜（乾淨），又或者是軟中帶粗（灰塵混合沙土）。我在自己家也試著這麼做，結果家中的髒汙中沙土比較少，沒什麼粗糙感，果然有滑溜、鬆軟的不同。也就是說我得知依不同場所弄髒法也各有特徵。

一般住宅的髒汙地圖如左頁所示。

用水處是黴菌與水垢、地板或榻榻米是灰塵與毛髮、爐灶周圍是油汙、窗子周圍是黴菌、玄關是沙土與灰塵，大致上是像這樣的分布。

而且其中有這整個家的「髒汙故事」。例如若是有小孩的家庭會用黏乎乎的手摸各個地方，所以在大人腰際以下的位置多會有手垢。孩子會跑來跑去，灰塵的飛散數量也很多吧。若是有養寵物的家庭，應該會掉落很多動物的毛與皮屑。

就像這樣，除了場所，家中髒汙會因家人結構而改變，只要按照這個原則，重點打掃容易弄髒的地方就可以了。

一般住宅不同地方的髒汙地圖

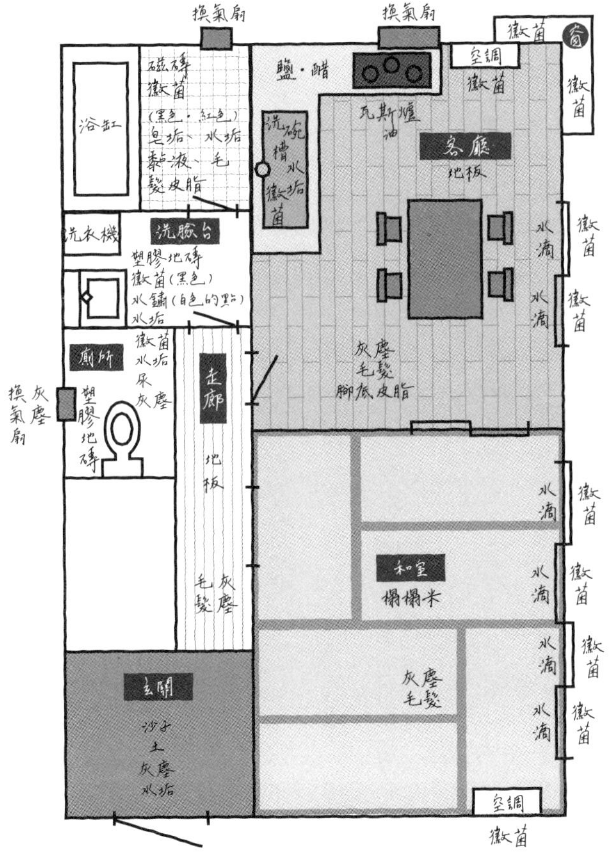

家中髒汙的種類會依場所不同而各有特徵。用水的廚房、浴室、洗臉台有水垢與黴菌。玄關有較多沙土，客廳、和室、走廊則有較多灰塵與毛髮垃圾的傾向。

集中在髒汙房間的角落與物品周圍

而且家中地板的灰塵會受到人與物品移動所導致的氣流影響，有容易集中在**房間角落與物品周遭**的傾向。灰塵不會堆積在人員走動的走廊正中間，或是通風處。

請試著回想一下。在廁所，灰塵沿著地墊的形狀附著其上、灰塵沿著脫衣處體重計邊緣集中的光景。應該所有人都心裡有數吧！

而家中的空氣會被換氣扇所牽引而移動。若一直開著廚房、廁所與浴室的換氣扇，風會往那裡流動，灰塵就難以附著在該通道上；而有換氣扇場所的地板上，灰塵就會聚集、堆積。

請看左頁的照片。六天間，我們以ＬＥＤ燈照明走廊正中間與角落，觀察並做下紀錄。人員每次走動、每次打開玄關，在走廊中央就會發生氣流，所以灰塵會往兩側移動、堆積。因此，在走廊正中央不會堆積灰塵。由此可以得知，比起拚命打掃髒汙的走廊中央，仔細打掃容易弄髒的角落會比較有效率。

灰塵會從走廊中央移動到角落

走廊角落

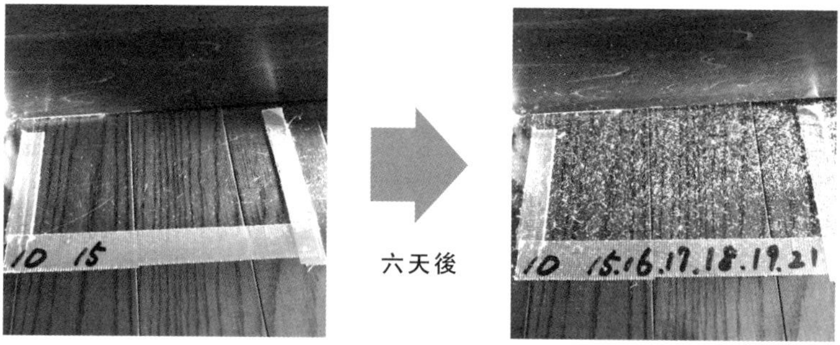

每次通過走廊，氣流會導致灰塵靠近，走廊角落尤其是容易堆積灰塵的地方。任何一個家庭若不打掃走廊，經過六天後以 LED 燈照明，灰塵會堆積得像照出全白般。

走廊中央

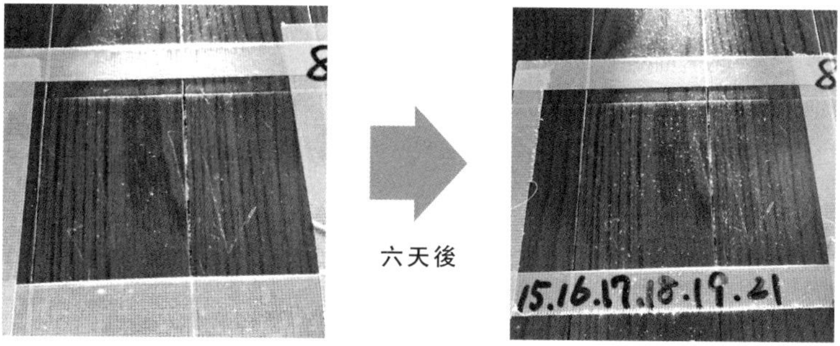

走廊中央有人來往，灰塵會被氣流給逼到角落，經過六天後，也一點都不會髒。

此外，電視或電腦這些家電的特性是，會因**靜電**而吸來灰塵。打開空調時，因氣流的影響，空調正下方的灰塵會聚集成堆，若在空調正下方放置電視或電腦，立刻就會因灰塵而變全白。

就像這樣，家中形成髒汙的方式有**「法則」**，在某種程度上，也可以找出髒汙尤其容易聚集的地方。因此，若以多髒汙的地方為中心做重點打掃，其他地方就算不打掃也可以，而且還能有效清潔、預防疾病。

再重複一次，這時候重要的是，打掃時不要揚起灰塵。平板拖把或是超細纖維布要從灰塵多的地方打掃起，盡量以遠離拖把本體的狀態，往前緩緩滑行般移動。

吸塵器也是盡可能不要揚起灰塵，可以選用排氣口位置較高或是無線的機種。

此外，各處打掃順序也很重要。有許多人在打掃地板時，是不是先從兩側牆沿開始掃起，而非人步行的中央呢？但是若先掃牆沿，之後再打掃中央時，就又會把灰塵掃到好不容易掃乾淨的角落去了。

因此，正確打掃地板順序是**「先從中央掃起，最後再打掃角落」**。沒時間時，只要光打掃角落，就能有效減少灰塵量。

預防疾病這樣做！

檢查自己家弄髒的方式就能有效打掃。打掃地板時，正確方法是先從中央掃起再掃到角落。

POINT

搞清楚「髒汙」種類是省力、聰明打掃的第一步

看「顏色」搞清楚髒汙的真面目

打掃時會令人感到困擾的是無法一眼辨明髒汙的真面目。若不知道髒汙的種類，就會困惑於不知道該用哪種清潔劑。這時候請先檢查髒汙的**「顏色」**。髒汙的顏色有各種各樣，以下將介紹各代表色。

●**粉紅色髒汙：**可見於馬桶內側、洗臉台、浴室等，是細菌繁殖。

●**白色髒汙：**也就是被稱為「水垢」的髒汙，是肥皂的油脂或身體皮脂與自來水中所含氯氣、鈣、鎂等金屬起反應而生成，常附著於洗臉台上。用手指摩擦一下洗臉台，若感覺粗粗的，極有可能是油脂髒汙覆蓋在上面。容易產生水垢的地方，是附著在手指上的大腸桿菌，以及多存在於用水處、會引起機會性感染的萎垂桿菌容易繁殖之處。

●**黑色髒汙：**最一般的就是黴菌，但是溢出到瓦斯爐上的菜湯或油漬等會因熱而碳化變成黑色，這類髒汙也很常見。這地方會有沙門氏菌、痢疾桿菌、傷寒沙門氏菌、大腸桿菌、小兒麻痺病原體等病原體，容易變成蟑螂的飼料。

●**咖啡色髒汙：**代表性髒汙就是廚房等的油汙。若長時間放置，一旦與空氣接觸就會氧化，變成黑色的髒汙。自來水中所含有的二氧化矽等在重複又濕又乾中，逐漸蓄積而成的髒汙，也是咖啡色的髒汙。會在自來水水龍頭周圍呈現環狀。

●**灰色的髒汙：**灰塵是代表。若放著不管，就會和其他髒汙相結合，變成難以除去的髒汙。灰塵若吸收了空氣中的水分，就會變黏糊，難以落下。是會成為各種病原菌繁殖原因的麻煩存在。

就像這樣，髒汙一定有顏色。因為有顏色，才會讓人發現「啊，弄髒了」。

若想藉由「打掃以預防疾病」，不禁會想全面兼顧，但請先想想，只要能擦拭掉髒汙的顏色就ＯＫ了，試著輕鬆去面對打掃！

預防疾病這樣做！

在髒汙代表色中，有粉紅、白色、黑色、咖啡色、灰色，藉由大致擦拭掉顏色，就能除去包含在汙垢中的病原體。

POINT

訂出要做到何種程度的「打掃基準」，就能輕鬆持續下去

訂出基準，以無壓力的打掃為目標

我長年在醫院以及照護設施中做打掃，有一項最講究的事，那就是訂出「要做到什麼地步才可以？」的基準。不論是哪個現場，多名清潔員工的能力都莫可奈何地會有個人差。要彌補那些，提供固定不變品質的打掃服務，這點非常重要。

其實這個「訂出基準」，在居家打掃中也很有幫助。

保持房間清潔的基本，每天即使只有做一些也好，都要將有髒汙積累之處的髒汙清除掉。

我們常見到，若每天都持續忙碌，打掃就難以做到周全，一天天過去後，就會對積累在房間角落的髒汙裝作沒看到，愁悶地度過；或是反過來，不論多忙，都一定要全部弄乾淨才罷休，煩躁地花時間打掃……。

這麼一來只會累積壓力，變得討厭打掃。

因此誠如我在前面「髒汙的顏色」項目中所提到的，在自己心中覺得「做到這樣就ＯＫ了」，以保持不太會生病的房間的範圍內訂出最低標準，然後盡量去做到。這麼一來，不僅是房間的衛生面，精神衛生上也能時常處於良好狀態中，可以將必要的打掃程序化。

以灰塵收集量實際感受打掃成果

要做到何種地步的基準，也就是「打掃終點」要大致以什麼為目標是重點。常被視為大致目標的就是「地方」與「花在上頭的時間」，但我建議以能直接連結打掃成果的**「灰塵收集量」**為大致目標。

用平板拖把打掃地板時，有些地方有很多垃圾，有些地方則沒有吧。這就像我在第４章開頭也說過的，因為整體場所的通行頻率與使用方式不同，不會有被弄得一樣髒的地方。

尤其是灰塵會因氣流而移動，所以在家中，也會因場所不同，分量大有差異。先天天打掃整個場所的髒汙量並檢查，**然後透過增加髒汙較多處的打掃次數、減少髒汙較少處的打掃次數**，請以即便忙碌也能有效率地打掃為目標。

透過**注意收集而來的垃圾量**，就能實際感受到打掃的成果，也能提升動力。基於那樣的理由，如此前介紹過的打掃方法就變得很重要了，亦即要用盡可能不會使垃圾或灰塵揚起的方法，整齊回收收集來的垃圾。

雖然不如吸塵器那樣，但其實，用平板拖把打掃時，也會讓一般我們的肉眼所看不見的灰塵如噴水般飛散。

要說是在什麼樣的情況下會揚起灰塵，那就是「停下平板拖把的瞬間」。我們肉眼能確認的最小大小，據說是細微毛髮剖面的一根分（七十微米），停下拖把的瞬間，包含比這更小、眼睛看不見的細菌的灰塵，會飛散至前方空中。

到底為什麼一停下平板拖把的移動就會讓灰塵飛散呢？答案在於移動拖把

時的氣流變化。

因為移動平板拖把時周圍一定會產生氣流。平板拖把前進時，前頭會產生空氣阻力，形成不會移動的空氣團。這個空氣團會阻擋周圍空氣進入，所以拖把前進時，湊集起來的灰塵不會從前端飛散。

可是停下平板拖把的瞬間，前端所有空氣阻力會緩和下來，拖把後面或周圍的空氣會瞬間流入前端空間，就會讓好不容易聚集在前端的灰塵揚起。這麼一來，費心的打掃就會白費，不僅難以變乾淨，打掃的動力也會下滑。

所以再重複一次，打掃家中地板時，要盡可能安靜、緩慢地往前推動平板拖把，請注意聚集起房間的灰塵，不要遺漏。

順帶一提，要解決平板拖把揚起灰塵的問題，我開發了一種打掃工具叫做「mo—ki∴」（モ—キ∴）（已取得專利），這是結合了業務用拖布與掃帚的優點製作而成的。我將之做成空氣能通過前端透明底板的下方，費了點心思抑制灰塵的飛散。因為防止灰塵揚起是不會生病的重點。

不只要防止垃圾與灰塵的飛散，只要每次累積到相同量的垃圾就打掃，就能時常在一定程度上保持房間衛生，每天安心過生活。

預防疾病這樣做！

打掃程序化是減少感染風險的捷徑。藉由確認積累的灰塵量，就能提升打掃的動力，常保乾淨房間。

POINT

「不弄髒的習慣」是打掃後的最佳幫手

東西少，洗手時要遠離水龍頭

在一年一度的大掃除中，重要的是將平常沒有做打掃的部分一口氣打掃乾淨。但為了在日常就能除去疾病之源，讓大掃除的作業變得輕鬆，平常就打造一個不易弄髒的房間也很重要。透過養成**「不弄髒的習慣」**，就可以實現這樣的願望。那麼該注意哪些事項呢？

雖然只是一點小事，但我希望大家能做到以下兩件事。

第一件是**物品的管理**。如前所述，東西愈多，周圍就會聚集灰塵，以及以灰塵為餌食的細菌與病毒。不要的東西就丟掉，請盡可能減少會積累灰塵的原因。同時養成將使用完的物品放回原處的習慣。

第二件是**用水處的注意**事項。用水洗手時，大家是不是把手靠近水龍頭處洗呢？這麼一來水滴會大量飛濺在四周。若將飛濺的水滴就這麼放著不管，將會成為形成水垢或綠膿桿菌繁殖的原因，所以請**遠離**洗臉盆下方的**溢水口與水**

龍頭洗手。這麼一來，水滴的飛散會大為減少，只要俐落擦去飛濺出的少量水滴，之後的打掃就會變得非常輕鬆。

這些細微的舉動，就能打造不會生病的房間。

預防廁所尿液飛濺的方法

廁所中飛濺的尿液是打掃廁所時永遠的課題。尤其是有男性的家庭，不論掃得多乾淨，立刻都會有飛濺或是滴落在馬桶外的尿液，簡直就像是你追我跑的捉迷藏。

最近有賣一種貼在便器上的貼紙，叫做**「瞄準貼紙」**。這項創意商品是讓人透過瞄準貼紙為目標來上廁所，避免尿液滴落在便器周遭。此外盡量站靠近便器的位置來上廁所，也能防止尿液飛濺。若是小男孩，可以在馬桶中放入揉成團的衛生紙，教他瞄準那個，尿在衛生紙上後，衛生紙會扭曲變形，所以會因遊戲感而覺得有趣，應該有助防止尿出來。

預防疾病這樣做！

若東西多就會積累灰塵，所以要留心整理與收納。洗手時將手遠離水龍頭，就能防止水滴飛濺，減少水垢與綠膿桿菌繁殖的風險。

POINT

只要改變家具擺設方式，就能變身可輕鬆打掃的房間

家具擺放如迷宮般容易積累灰塵

要一一清掃散亂家中各處的灰塵很花時間與氣力。與其如此，重要的是，在房間裡打造一個能自然聚集灰塵、容易打掃的地方，只要清掃聚集在那裡的灰塵，會比較容易保持房間衛生。

那麼接下來就說明打造能讓打掃變輕鬆的房間擺設法。大前提是之前已經說過好幾遍的法則——**「人員與物品的移動一定會產生氣流」**。

若擺放了許多家具或物品，在那樣的狀態下，房間中就會有好幾處「小牆壁」。而當我們在通過家具與家具、物品與物品之間時，就同於灰塵會被追逼到走廊兩側的牆角，家具與物品的側面會附著有灰塵。若灰塵量相同，比起灰塵分散到許多地方，把它集中在較少地方，那麼打掃花費的功夫就會大幅減少。如果沒有家具或物品，是空無一物的房間，灰塵會集中在房間的四角，只要重點打掃四角即可。但是就現實來說，很少有房間是沒有擺放任何東西的。

在乾淨的房間中沒有灰塵散布

因此，現實來說，要盡量減少灰塵集中的地方、讓打掃變得輕鬆，重點是要**將家具靠近牆邊擺放**，讓灰塵沒有積累的隙縫；又或者是將家具與牆壁間，或是家具與家具間的空間，**盡可能擺放得寬廣些**，好方便打掃。

同時不要將小物品隨意放著不管，要確實放進收納家具中。這麼一來，多少能防止灰塵分散積累在零碎的物品與物品的空隙間。

此外，高低不平的家具也容易積累灰塵，因此建議**盡量**使用**平坦型**的。像嬰兒床與上下鋪的欄杆周圍也一樣，盡可能使用有棚蓋式的較為理想。而書架或床，比起底下容易累積灰塵有床腳的，選用完全貼合地板、沒有縫隙的類型會比較好。

像這樣，留意家具的挑選、擺放，除了外觀看起來整潔，打掃也容易外，且也能打造出容易保持健康的房間。

預防疾病這樣做！

要打造不積累灰塵的房間，可以將家具擺放得毫無空隙，讓灰塵無法進入；或是將家具與家具間的空間放寬些，好方便打掃。

COLUMN 4

新的菸害．三手菸的恐怖

只要待在有煙味的房間就會得肺癌？

被動吸菸已成一大問題，美國國立癌症研究所的達納-法伯癌症研究院（Dana-Farber Cancer Institute）已經在二〇〇九年時發表了「也要注意三手菸」的研究報告。

一手菸是自己主動吸菸，二手菸是吸到他人吸菸的副流菸。那麼三手菸又是什麼呢？

只要待在香菸的煙霧中一陣子，就算移動到其他地方，之後衣服或頭髮上似乎也會有煙味。其實不只是味道，香菸的有害物質也會沾染在衣服或頭髮上。而且據說沾染上的有害物質只要沒洗掉，就會持續從中釋放出來。而吸入了這些有害物質時，也會對人體產生不良影響。這就是「三手菸」。

洗了衣服和頭髮後雖能洗掉有害物質，但問題是房間的壁紙或地墊等，有害物質也會沾染到無法輕易洗掉的東西上。

其實三手菸的恐怖之處在於，隨著時間經過，有害性會增加。香菸的尼古丁會和空氣中的亞硫酸起反應，生成強力致癌物亞硝胺。已有研究成果提出，三手菸的「有害性程度和實際吸菸相同」，也就是說，將來很有可能會形成肺癌。

就算自己不是吸菸者，若長時間待在有煙味的房間生活，在不知不覺中或許就會傷害健康。

結語

打掃是結合了「物理」與「化學」而成的一項作業。

清潔劑是藉由化學反應來分解髒汙，並透過物理的力量來擦落；而灰塵則是遵循氣流與引力的物理性法則移動、擴散。

本書介紹了以確實的科學根據為基礎，追求更高效率的打掃方法。如果今後懶於打掃，希望大家可以再度想起如下的事情——

你所學會的打掃方式是遵循科學根據的有效方法，你愈打掃，病原體與感染風險就一定會愈加減少。這麼做對自己與家人的健康來說都是非常重要的。

之所以這麼說，是因為我感到非常地遺憾，在所從事的醫療院所及設施的專業清潔打掃工作中，很少見到對自己工作感到價值與自信的工作人員。

連他們自己都認為：「打掃清潔誰都會做，那是一項不起眼、無足輕重的工作」。

但是我想大聲告訴大家——

「那是大錯特錯！」

清潔與打掃絕非無足輕重的工作，是一種能讓人身心變得健康開朗、值得令人尊敬的工作。雖然會是讓人不想從事、樸實而不起眼的作業，但也正因如此，才是一個值得尊敬的行業，不是嗎？

不論是家中清掃，還是專職的打掃清潔，基本上所重視的事都一樣，就是「期望著能促進自己與他人的健康」而做的事。

本書的打掃法，如果多少能有助於作為打造你身體健康的墊腳石，將會是我感到最開心的事。此外，也希望大家能利用到目前為止所介紹過的、在醫院打掃現場鍛鍊出的「縮時技術」，將空出來的時間利用在自己的興趣上，或是和重要的人一起度過。

我已經持續進行改革醫院打掃方式的活動約三十年了，但坦白說，對這樣的每一天我真的感到有些頹喪與失望。

之所以這樣的工作能持續到今天，正是因為有總是支持我的家人、令人安心的夥伴，以及對打掃醫院這件事感到有意義與共鳴，還有共同參與的相關人士的鼓勵。我想藉此機會表達感謝之意。

此外，對於這本書的出版，也要感謝江建先生、伊藤美賀子小姐、赤坂野惠小姐、鴇田勝弘先生，以及責任編輯金谷亞美小姐等人的協助與指導。還有最重要的是，拿起本書並讀到最後的所有讀者們，我由衷地對各位致上最高的謝意。真的非常謝謝你們！

二〇一七年十一月　松本忠男

参考文献

●花王株式会社「ホコリ意識・実態調査で、室内のホコリ中に、菌やカビの存在を確認」2014（平成26）年
http://www.kao.com/jp/corporate/news/2014/20140822_001

●一般社団法人 家庭電気文化会「家電の昭和史」
http://www.kdb.or.jp/syowaeacon.html

●内閣府「消費動向調査」2017（平成29）年

●日本防菌防黴学会『日本防菌防黴学会誌vol.44』2016（平成28）年

●ライオン株式会社「トイレの床にたまったホコリ〝トイレダスト〟は菌まみれ?!～家庭内で最悪のホコリ〝トイレダスト〟の実態～」2015（平成27）年
http://lion-corp.s3.amazonaws.com/uploads/tmg_block_page_image/

file/2010/20150407.pdf

●倉原優（著）『もっとねころんで読める呼吸のすべて：ナース・研修医のためのやさしい呼吸器診療とケア2』メディカ出版 ２０１６（平成28）年

●日本機械学会（編）、石綿良三・根本光正（著）『流れのふしぎ 遊んでわかる流体力学のＡＢＣ』講談社 ２００４（平成16）年

●国立感染症研究所　感染症情報センター「多剤耐性緑膿菌感染症」２００６（平成18）年
http://idsc.nih.go.jp/disease/MDRP/MDRP-7b.html

●ＮＨＫ健康チャンネル「浴室で感染しやすい肺の病気『肺ＭＡＣ症』とは」２０１７（平成29）年
http://www.nhk.or.jp/kenko/atc_501.html

●独立行政法人 環境再生保全機構「すこやかライフＮｏ．43 子どもの成長とアレルギー『アレルギーマーチ』から学ぶアレルギー疾患の予防と管理」２０１４（平成26）年
https://www.erca.go.jp/yobou/zensoku/sukoyaka/43/feature/feature02.html

●厚生労働省「アレルギー疾患の現状等」２０１６（平成28）年
http://www.mhlw.go.jp/file/05-Shingikai-10905100-Kenkoukyoku-Ganshippeitaisakuka/0000111693.pdf

●矢野邦夫（著）『ねころんで読めるCDCガイドライン』メディカ出版 2007（平成19）年、『もっとねころんで読めるCDCガイドライン』メディカ出版 2009（平成21）年
●フロレンス・ナイチンゲール（著）『看護覚え書―看護であること看護でないこと』現代社 2011（平成23）年
●日本防菌防黴学会（編）『菌・カビを知る・防ぐ60の知恵 ―プロ直伝！防菌・防カビの新常識―』化学同人 2015（平成27）年
●NPO法人 カビ相談センター（監修）、高鳥浩介・久米田裕子（編）『カビのはなし ミクロな隣人のサイエンス』朝倉書店 2013（平成25）年
●小原淳平（編）『続・100万人の空気調和』オーム社 1976（昭和51）年
●松本忠男・大谷勇作（著）『病院清掃の科学的アプローチ』クリーンシステム科学研究所 2000（平成12）年
●月刊ビルクリーニング誌コラム「松本忠男の病院清掃覚え書」クリーンシステム科学研究所
●「クリーンルームメールマガジン」シーズシー有限会社

健康掃除力：醫療級專家教你30個不生病的居家清潔妙方！／松本忠男作／楊鈺儀譯 -- 初版 . -- 臺北市：時報文化 , 2019.05
面；　　公分 . -- (風格生活 ; 24)
譯自：健康になりたければ家の掃除を変えなさい
ISBN 978-957-13-7787-2（平裝）
1. 家庭衛生
429.8　　108005497

ISBN 978-957-13-7787-2
Printed in Taiwan

風格生活 24
健康掃除力：醫療級專家教你30個不生病的居家清潔妙方！
健康になりたければ家の掃除を変えなさい
作者　松本忠男｜**譯者**　楊鈺儀｜**主編**　李筱婷｜**編輯**　謝翠鈺｜**執行企劃**　藍秋惠｜**封面設計**　陳文德｜**美術編輯**　吳詩婷｜**發行人**　趙政岷｜**出版者**　時報文化出版企業股份有限公司　10803 台北市和平西路三段 240 號 7 樓　**發行專線**—(02)2306-6842　**讀者服務專線**—0800-231-705・(02)2304-7103　**讀者服務傳真**—(02)2304-6858　**郵撥**—19344724 時報文化出版公司　**信箱**—台北郵政 79-99 信箱　**時報悅讀網**—http://www.readingtimes.com.tw｜**法律顧問**　理律法律事務所　陳長文律師、李念祖律師｜**印刷**　盈昌印刷有限公司｜**初版一刷**　二〇一九年五月十七日｜**定價**　新台幣二八〇元｜缺頁或破損的書，請寄回更換

時報文化出版公司成立於 1975 年，並於 1999 年股票上櫃公開發行，
於 2008 年脫離中時集團非屬旺中，以「尊重智慧與創意的文化事業」為信念。